Die Principien

der

Reinwasser-Gewinnung

vermittelst Filtration.

Bericht

an die Direction der Städtischen Wasserwerke

zu Berlin

von

C. Piefke,
Betriebs-Ingenieur.

Mit 2 in den Text gedruckten Abbildungen.

Springer-Verlag Berlin Heidelberg GmbH 1887

ISBN 978-3-662-32315-1   ISBN 978-3-662-33142-2 (eBook)
DOI 10.1007/978-3-662-33142-2

Durch die vor mehreren Jahren eingeführte, ständige Controle über die Beschaffenheit des Berliner Leitungswassers ist zwar im Allgemeinen der grosse hygienische Werth der Sandfiltration erkannt, zugleich aber auch konstatirt worden, dass ihr Effekt gewissen Störungen ausgesetzt ist und deshalb bisweilen etwas zu wünschen übrig lässt. Aus den bezüglichen Berichten des königlichen Hygienischen Instituts geht hervor, dass vorzugsweise das Versorgungsgebiet der alten Filter-Anlage vor dem Stralauer Thor, der sogenannten Station I der Berliner Wasserwerke, von häufigeren Qualitätsveränderungen des Leitungswassers betroffen wurde. Diese Wahrnehmung versetzte das genannte Werk in die Nothwendigkeit, den unmittelbaren Ursachen, welche von Zeit zu Zeit seine Leistungen schmälern, genauer nachzuforschen und führte im Laufe der beiden letzten Jahre zu eingehenden Erhebungen sowohl über alle bei der Einrichtung von Filtern in Frage kommenden Details, wie über die Tragweite der einzelnen Betriebsdispositionen. Der inzwischen erfolgten Ausrüstung der Station I mit einem zweckentsprechenden Laboratorium war es zu danken, dass die Untersuchungen alle auf wissenschaftlicher Grundlage geführt werden konnten. Sie wurden ferner nicht ausschliesslich auf den durch die Berliner Verhältnisse umschriebenen Kreis beschränkt, sondern so weit wie möglich ausgedehnt, in der Hoffnung, dass es gelingen werde, an Stelle der schwankenden empirischen Regeln, von denen noch heute die Praxis fast überall beherrscht wird, rationelle und feste Principien von allgemeiner Gültigkeit zu setzen.

Diese Arbeiten, die einen vorwiegend analytischen Charakter hatten, werden im Folgenden, um sie in Zusammenhang zu bringen, zu einer kritischen Beleuchtung der Vorgänge bei der Filtration benutzt werden. Im Anschluss daran wird aber noch eine zweite Reihe von Versuchsarbeiten zur Besprechung gelangen, zu denen die Anregung vom Curatorium der Wasserwerke selbst ausging, und deren Zweck darin bestand, das für die künftige Wasserversorgung Berlins jetzt definitiv adoptirte System der Filtration durch Ergänzung seiner Lücken einer weiteren Vervollkommnung entgegenzuführen. Es sei hierbei bemerkt, dass die in anderen Städten (Antwerpen) in gleicher Absicht unternommenen Schritte weniger als Vorbild wie als Ansporn dienten, und dass die Selbstständigkeit des Vorgehens in jeder Richtung gewahrt wurde.

I.
Die Wirkungsweise der Sandfiltration und die Grenzen ihres Leistungsvermögens.

Die Aufgabe des Hydrologen, wenn das von Natur gebotene Wasser der Verbesserung bedürftig ist, lässt sich in ihrer Allgemeinheit als eine dreifache bezeichnen. Es kann sich darum handeln, dem Wasser auf künstlichem Wege die Eigenschaften der Klarheit, Salubrität und Reinheit zu ertheilen. Sofern das alles durch Sandfiltration erreicht werden soll, wird von ihr stillschweigend vorausgesetzt, dass sie einer Bethätigung in mechanischer, physiologischer und chemischer Hinsicht fähig sei. Wir haben also drei vermeintliche Effekte der Reihe nach einer Prüfung zu unterziehen.

a) Der mechanische Effekt.

Man erwartet denselben einer älteren Anschauung gemäss hauptsächlich von der sogenannten Flächenanziehung der Sandkörnchen. Da diese aber keine in die Ferne wirkende Kraft ist, so bedingt sie, dass jedes einzelne der kleinen Körperchen, welche zusammen die Trübung des Wassers ausmachen, an irgend einer Stelle unmittelbar ein Sandkörnchen berühre. Nun dürfen wir den gebräuchlichen Filternicht feiner als $1/2$ mm Korngrösse annehmen. Ist dieser Sand, wie es eine rationelle Filterwirthschaft erfordert, vor dem Einfüllen in ein Filterbassin sorgfältig ausgewaschen, d. h. von den feinen, häufig thonigen Beimengungen, die seine Durchlässigkeit sehr bedeutend vermindern würden, befreit worden, so verbleiben selbst bei dichtester Schichtung zwischen den Sandkörnchen zickzackförmig gewundene Kanäle von solcher Weite, dass sie noch ein wahres Strombett bilden in Vergleich zu den überaus kleinen Körperchen, von denen an vielen Orten das zu filtrirende Wasser dicht erfüllt ist. Von der Kleinheit der letzteren haben wir seit der Anwendung der bakterioskopischen Untersuchungsmethoden auf das Wasser eine deutlichere Vorstellung gewonnen. Die Keime der Mikroorganismen, auf deren Beseitigung die Hygiene so grossen Werth legt, kommen oft kaum der Grösse μ ($= 1/1000$ mm) gleich, und die bläulichen Trübungen, die in ablagerndem lehm- resp. thonhaltigen Wasser Tage lang suspendirt bleiben, bestehen aus noch viel kleineren Partikelchen. Unter dem Mikroskop erkannte man sie als kugelige Massen, deren Durchmesser noch nicht einmal der verschwindenden Grösse $1/10$ μ gleichkamen.

Je zahlreicher solche minimale Körperchen in einem Wasser vorhanden sind, desto dichter befinden sie sich neben einander und desto weniger lässt sich erwarten, dass ein jedes von ihnen die Wandungen der Kanälchen, durch welche sie sich hindurchbewegen, ein Mal wirklich berühre. Die Möglichkeit, dass es dazu komme, nimmt noch mehr ab, je kürzer die im Sande zurückgelegte Wegstrecke und die verbrauchte Zeit ist, d. h. je dünner die Sandschicht und je grösser die Sickergeschwindigkeit des Wassers ist.

Die grossen Kosten künstlicher Filter zwingen dazu, ihre Dimensionen so knapp wie möglich zu bemessen und bestimmte Leistungen der Flächen in der Zeiteinheit vorzuschreiben. Wir begegnen daher an den entlegensten Punkten einer gewissen Übereinstimmung der Anlagen; die Dicke der Sandschicht, gewöhnlich 60 cm, wird kaum irgendwo das Maaß von 90 cm übersteigen und die für das Filtriren festgesetzten Durchschnittsgeschwindigkeiten dürften nur ausnahmsweise weniger als 100 bis 150 mm pro Stunde betragen. Da sonach der Gang der Filtration überall so ziemlich derselbe ist, so hängt das Gelingen der Klärung in den verschiedenen praktischen Fällen wesentlich von der Anzahl jener mikroskopisch kleinen Körperchen ab, welche in der Volumeinheit des zu filtrirenden Wassers enthalten sind; eine vergleichende Beurtheilung der Schwierigkeiten ist jedoch nicht eher möglich, als bis faktische Zählungen vorliegen. Bis jetzt existirten nur Angaben über die relative Menge der im Wasser vorkommenden Bakterienkeime; ich habe indessen versucht, auch bei

Trübungen, die aus nicht organisirter Substanz bestehen, eine Zählung durchzuführen und habe dabei folgendes Verfahren gewählt. Es wurde getrockneter, fein zerriebener Lehm mit Wasser angerührt und zwar in dem Maaße, dass eine Flüssigkeitsschicht von 1 cm Höhe nicht mehr durchscheinend war. Nach zweitägigem Ablagern war der grösste Theil des Lehms zu Boden gesunken und das darüber stehende Wasser nur noch milchig getrübt. Suspendirt waren allein noch jene winzigen Körperchen, deren Maaße bereits oben angegeben worden sind. Das mit Lehm versetzte Wasser war ursprünglich vollkommen klares Leitungswasser gewesen, dessen bei 100^0 eingedampfter Trockenrückstand 205 mg pro Liter betrug. Aus dem gleichen Quantum des abgelagerten, aber noch bläulich getrübten Wassers wurden bei derselben Temperatur 252 mg Trockenrückstand erhalten. Die Differenz von 47 mg haben wir also als das Gewicht der in einem Liter Wasser enthaltenen Trübung anzusehen. Auf 1 cc Wasser kommen davon 0,047 mg. Betrachten wir nun die suspendirten Körperchen alle als Kugeln und nehmen wir ihren mittleren Durchmesser in Rücksicht auf die Verschiedenheit an Grösse statt $1/10$ μ sogar gleich $1/2$ μ an, so ist das Volumen einer solchen Kugel

$$1/64 \cdot 4{,}1888 = 0{,}0654 \; cb\mu$$
$$= 0{,}000\,000\,000\,0654 \; cbmm$$
$$= 0{,}000\,000\,000\,000\,654 \; cbcm$$

Setzen wir ferner das specifische Gewicht der Substanz gleich 2,5, so ist das absolute Gewicht einer einzelnen Kugel

$$2{,}5 \cdot 0{,}000\,000\,000\,000\,654 = 0{,}000\,000\,000\,001\,635 \; g$$
$$= 0{,}000\,000\,001\,635 \; mg$$

Dieses Gewicht ist aber in 0,047 mg fast 300 Millionen Mal enthalten; so enorm gross war also die Anzahl der in einem einzigen Cubikcentimeter Wasser schwebenden Thonpartikelchen noch am dritten Tage, obgleich nach so ausgedehnter Ablagerung doch nur spärliche Reste der ursprünglichen Menge übrig geblieben sein konnten.

Ich habe absichtlich das lehmig getrübte Wasser als Beispiel gewählt, weil es denjenigen Fall repräsentirt, in welchem die Schwierigkeiten der mechanischen Klärung ihren Kulminationspunkt erreichen und sich dabei am deutlichsten zeigt, was über die Kräfte eines in gewöhnlicher Weise gehandhabten Filters hinausgeht. In der That wurde das abgelagerte Wasser selbst bei sehr langsamem Filtriren (30 mm Geschwindigkeit pro Stunde) noch nicht ganz klar, sondern behielt ungefähr das Aussehen eines in Folge schwacher Eisenausscheidung opalisirenden Brunnenwassers.

Mindestens eben so wirksam wie das Sandfilter erwies sich ein Stück schwedischen Filtrirpapiers, d. h. die Anwendung einer genügend dichten Fläche statt eines Filterkörpers. Auch im Sandfilter bildet sich allmählig eine dichte Decke auf der Oberfläche des Sandes, und es ist sehr wahrscheinlich, dass dieser Umstand gelegentlich mehr zur Klärung beiträgt als die dicke Sandschicht. Die Wirksamkeit einer solchen Decke hängt jedoch augenscheinlich auch von der Eigenartigkeit der Substanzen ab, aus welchen sie sich bildet, und diese ist gerade bei lehmhaltigen Wässern wenig günstig für den Filtrirprozess. Die Trübung hat gar keine Neigung zu koaguliren und die verschwindend kleinen Bestandtheile zu gröberen Flocken zu vereinigen. Die auf der Oberfläche des Sandes sich absetzende, zarte Lehmschicht erlangt deshalb in sich selbst keinen festen Zusammenhang und vermag nicht zu verhindern, dass ein hindurchgeleiteter Wasserstrom viele Partikelchen wieder losreisse und sie durch die Kanälchen der Sandschicht hinwegführe. Es genügen dazu, wie wir gesehen haben, schon Stromgeschwindigkeiten, die viel geringer sind, als sie beim Filterbetriebe je vorkommen. Hätte man bei dem erwähnten Probefiltriren die Geschwindigkeiten noch mehr verlangsamt, bis endlich jede Gefährdung des schwachen Zusammenhanges der Decke aufhörte, so würde die specifische Leistung des Filters, wenn wir darunter die von der Flächeneinheit (Quadratmeter) in der Zeiteinheit (Stunde) abfiltrirte Wassermenge verstehen, bis auf wenige Liter abgenommen haben.

Wenn auch bisher das Streben der Techniker zu ausschliesslich darauf gerichtet gewesen ist, die Filterflächen in ergiebigster Weise auszubeuten, und ein starres Festhalten an Gewohnheiten, die aus einer über den Filtrirprozess höchst mangelhaft unterrichteten Zeit herstammen, heute nicht mehr gerechtfertigt ist, so können doch andererseits die Zugeständnisse in Betreff einer Herabsetzung der specifischen Leistungen eines Filters aus ökonomischen Gründen über eine gewisse Grenze nicht hinausgehen. Letztere dürfte im Allgemeinen bei 0,1 *cbm* erreicht sein. Resultate, die dieser Beschränkung keine Rechnung tragen, haben für die Praxis keinen unmittelbaren Werth; sie sind für diese aber ein Fingerzeig, dass sie ihr Ziel auf Umwegen zu verfolgen habe. Bei fortgesetztem Filtriren lehmhaltigen Wassers lieferte Sand, der schon längere Zeit in Gebrauch gewesen, bessere Resultate als frischer. Die Ursachen dieses eigenthümlichen Verhaltens kommen im nächsten Abschnitt zur Erörterung. Hier sei nur angeführt, dass die Durchlässigkeit des für Thonpartikelchen nicht mehr passirbaren Sandes in Folge Verstopfung der Kanälchen sehr schnell abnahm, wodurch die Totalleistung sich stark verminderte. Ein weiterer Uebelstand allzu dichter Filterflächen ist noch der, dass sich unter dem Sand sehr leicht Luft setzt, deren gelegentliches Durchbrechen nach oben im höchsten Grade störend ist.

b) Der physiologische Effekt.

Wenn man die ungeheure Zahl der Partikelchen, aus denen die Trübung vieler durch thonige Beimengungen verunreinigten Wässer besteht, vergleicht mit der Menge der Bakterienkeime, die in eben diesen Wässern vorzukommen pflegen, so ist man geneigt, sich die Aufgabe, ein keimfreies Filtrat herzustellen, sehr leicht vorzustellen. Gewöhnlich enthält 1 cc Flusswasser nicht mehr als einige Tausend Keime, und selbst die von fortschreitender Bebauung ihrer Ufer schon stark in Mitleidenschaft gezogene Oberspree bringt es selten auf mehr als 30000. Was scheinen diese Zahlen gegenüber jenen Hunderten von Millionen bedeuten zu wollen. Ueberdies gehören ja die Keime, wie oben schon erwähnt worden, noch lange nicht zu den mikroskopisch kleinsten der im Wasser vorkommenden Körperchen. Trotzdem wiederholt sich auch ihnen gegenüber eine gewisse Insufficienz des Sandfilters, die aber jetzt um so bedenklicher ist, da die Hygiene gerade in diesem Punkte einen ganz absolut sicheren und vollständigen Effekt der Filtration als wünschenswerth hinstellt. Die Umstände, welche die Erfüllung dieser Forderung erschweren, sind zum Theil versteckter Art.

Ganz reiner und steriler Sand ist — wider alles Erwarten — vollkommen insufficient. Die Bakterienschwärme werden durch ihn in ihrer Vorwärtsbewegung nur zuerst ein wenig gehemmt, kommen alsdann aber um so dichter zum Vorschein, so dass das filtrirte Wasser oft mehr Keime enthält als das unfiltrirte. Die Mangelhaftigkeit der Leistungen verliert sich langsam. Besser funktionirten gleich von Anfang an nicht sterilisirte Sande, und unter diesen wieder verdienten diejenigen den Vorzug, welche schon längere Zeit in einem der grossen Bassins an der Filtration Theil genommen hatten. Es folgt daraus, dass die letzteren im Filter allmählig einen Zustand angenommen haben mussten, der sie für ihre Aufgabe besser befähigte als die absolute Reinheit. Aeusserlich war an solchem Sande bemerkenswerth, dass er sich nicht mehr scharf, sondern schmierig anfühlte. Unter dem Mikroskop gab sich weiter zu erkennen, dass die einzelnen Körnchen mehr oder weniger vollständig von einer schmutzig erscheinenden Hülle umgeben waren, welche durch Erhitzen leicht zerstört wurde und neben organischer Substanz auch ein wenig Eisenoxyd enthielt. Dass dieser Ueberzug zum grössten Theile sich durch Anhängen von Bakterien resp. deren Keimen gebildet hatte, stellte sich bei der bakterioskopischen Prüfung als unzweifelhaft heraus.

Wurde aus irgend einem Filter eine Sandprobe, gleichviel aus welchem Niveau entnommen, mit sterilisirtem Wasser tüchtig abgespült und das Spülwasser nachher untersucht, so enthielt dasselbe immer ungeheure Mengen von Keimen. Die ganze Sandschicht war also von denselben reichlich inficirt. Nur die Vertheilung war keine gleichmässige; sie nahm von der oberen Grenze gegen die untere hin zuerst rapide, dann immer langsamer ab. Als Beispiel führe ich den Befund aus einem der grossen Sandfilter nach $1\frac{1}{2}$ jähriger Betriebsdauer an. Die Dicke der übrig gebliebenen Sandschicht betrug noch 30 *cm*.

Bei der Reinigung des Filters wurden gefunden in 1 *kg* Sand
1) entnommen aus einem der
   Schmutzhaufen . . . . 5028 Mill. Keime
2) entn. an der Oberfläche des
   gereinigten Filters . . . . . . 734 „ „
3) entn. in 10 *cm* Tiefe unter
   der Oberfläche . . . . 190 „ „
4) entn. in 20 *cm* Tiefe unter der
   Oberfläche . . . . 150 „ „
5) entn. in 30 *cm* Tiefe u. d. Oberfl. . 92 „ „
6) entn. aus dem feinen Kies unter
   der Sandschicht . . . . . . 68 „ „

Ein Theil der Keime sass übrigens so fest an der Oberfläche der Sandkörnchen, dass er sogar durch oft wiederholtes Abspülen nicht entfernt werden konnte. Ihre Gesammtmenge wird wahrscheinlich die angegebenen Zahlen noch bei Weitem überstiegen haben. Indessen kommt es augenblicklich weniger auf die absoluten Zahlen als auf ihr gegenseitiges Verhältniss an, und aus diesem lässt sich sofort ein gewaltiger Unterschied zwischen einem mit gewaschenem Sande frisch zubereiteten und einem angearbeiteten Filter erkennen.

Wird in ein durch oft wiederholtes Reinigen erschöpftes Filter eine frische Sandschicht gebracht, so besteht dieselbe in allen ihren Theilen aus einem Material von durchaus gleichartiger Beschaffenheit. Wenigstens liefert unsere Sandwäsche, die den aus den Filtern herausgenommenen schmutzigen Sand auswäscht, bei einiger Aufmerksamkeit ein ziemlich gleichmässiges Produkt. Da — wie wir oben gesehen haben — die dem schmutzigen Sande anhaftenden Organismen zum Theil durch Abspülung schwer zu entfernen sind, so ist es ganz natürlich, dass ein Rest davon den Waschprozess übersteht. Doch ist es nicht mehr als $1/_2$ bis $1\ ^0/_0$. Oft wiederholte Zählungen haben pro 1 kg gewaschenen Sandes einen Gehalt von 50 bis 60 Millionen entwickelungsfähiger Keime ergeben. Ist dies auch an und für sich eine ganz respektable Zahl, so zeigt doch der Vergleich mit der vorstehenden Zahlenreihe, wie weit die erneuerte Sandschicht noch von jenem als wirksam erkannten Zustand entfernt ist, für den die Praxis den sehr treffenden Ausdruck „Verschleimung" gewählt hat.

Der Unterschied tritt recht grell hervor, wenn man sich einer bildlichen Darstellung bedient. Bedeuten in der nachfolgenden Figur

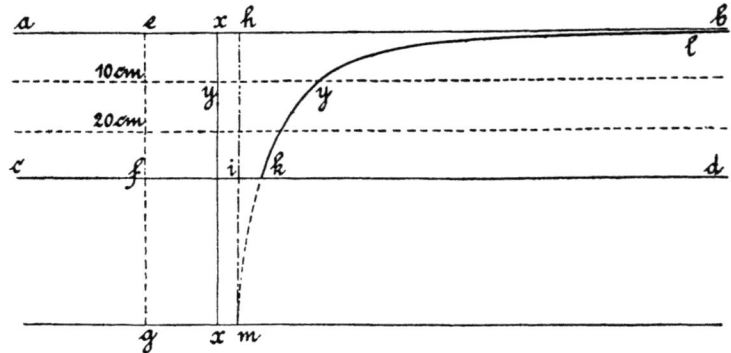

die Linien $a\ b$ und $c\ d$ die obere und die untere Begrenzung einer im Filterbassin liegenden Sandschicht von der Dicke $e\ f$ (= 300 mm) und denkt man sich über einer mit $e\ f$ parallelen Linie $x\ x$ als Abscissenaxe die allen Zonen innewohnenden Mengen niederer Organismen entsprechend den vorangeführten Ermittelungen durch die Ordinaten $y\ y$ ausgedrückt, so erhält man bei Verbindung von deren Endpunkten für frisch eingefülltes, direct von der Sandwäsche zugeführtes Material die gerade Linie $h\ i$, für längere Zeit schon gebrauchtes aber die Curve $k\,l$, welche, wenn die Schicht die Dicke $e\,g$ ($= 600\ mm$) hätte, nach unten die punktirte Fortsetzung $k\,m$ erhalten würde. Angesichts dieses Bildes, für welches die Bezeichnung „Zustandsdiagramm" wohl angemessen erscheint, ist es nicht nicht mehr befremdend, dass ein mit frischem Sande zubereitetes Filter zuerst sehr unvollkommen arbeitet. Es ist auch sofort einleuchtend, dass die partikuläre Insufficienz nicht eher ihr Ende erreicht, als bis der Uebergang aus dem durch die Linie $h\,i$ charakterisirten Anfangszustand in einen der Curve $k\,y\,l$ annähernd entsprechenden Zustand stattgefunden hat. Hinsichtlich der dazu nöthigen Zeit orientirt uns die nachfolgende Beobachtungsreihe.

Das Filter Nr. 9 wurde nach Ergänzung der Sandschicht am 5. Oktober v. J. wieder in Betrieb gesetzt. Die täglich wiederholte Controle ergab

		entwickelungsf. Keime pro 1 cc Wasser	
		im Filtrat	in der Spree
am	6. Okt.	1488	.
„	7. „	864	8000
„	8. „	336	5040
„	9. „	330	21600
„	10. „	260	24480
„	11. „	630	31185
„	12. „	310	26752
„	13. „	528	26423
„	14. „	248	14600
„	15. „	140	4307
„	17. „	88	.
„	18. „	99	.
„	19. „	73	2592
„	21. „	46	5328

Die Resultate der Filtration blieben also ungefähr 14 Tage lang ziemlich mangelhafte und fingen erst von da ab an, gleichmässiger und besser zu werden.

Eine Nachwirkung war indess noch längere Zeit bei jeder Betriebsunterbrechung zu spüren. Daraus sowohl wie aus der Monate lang währenden Insufficienz des sterilen Sandes geht hervor, dass die Verschleimung sich ziemlich langsam vollzieht. Ist endlich die schleimige Umhüllung der Sandkörnchen hergestellt, so finden die Mikroorganismen überall geeignete Aufhängepunkte vor.

Zum probeweisen Filtriren durch sterilen Sand war unfiltrirtes Spreewasser benutzt worden. Auf der Oberfläche des Sandes bildete sich wie immer eine zusammenhängende Schmutzdecke, bestehend aus unzähligen lebenden und abgestorbenen Organismen thierischer und vegetabilischer Art. Viele von ihnen hatten eine faserige Struktur, andere zeichneten sich durch Klebrigkeit aus. Das Material der Decke war also von einer Beschaffenheit, dass man sich von ihm eine kräftige Unterstützung des Filtrirprozesses wohl versprechen konnte. Warum blieb trotzdem die erwartete Beihülfe aus? Oder war die günstige Meinung von der Wirksamkeit des membranartigen Schmutzhäutchens etwa ein Irrthum? Keineswegs, sie wird durch ein später anzuführendes Beispiel ihre Bestätigung erfahren.

Aber wir haben es hier mit einem Falle zu thun, wo neben den physikalischen auch biologische Momente zu berücksichtigen sind. Das bei der Filtration des Spreewassers auf der Sandoberfläche zurückbleibende Residuum ist vermöge seiner eigenartigen Zusammensetzung aus vorwiegend organischen Substanzen als ein Nährsubstrat zu betrachten, in welchem durch die eingelagerten Keime ein nach Maaßgabe der Temperatur geregelter Fäulnissprozess unterhalten wird. Die nächste Folge davon ist eine sehr starke Vermehrung der Mikroorganismen. Viele derselben sind mit Eigenbewegung, andere wieder mit der Eigenschaft ausgestattet, ein wasserreiches Nährmedium zu verflüssigen. Sie vermögen daher selbstständig ihren Zusammenhang mit der Schmutzdecke zu lösen und dieselbe in grossen Schwärmen wieder zu verlassen. Eine Vermischung mit biologisch passiveren Species ist dabei nicht ausgeschlossen. Von nun an steht dem weiteren Vordringen der Keime nichts mehr im Wege; der sterile Sand kann ihnen kein Halt gebieten, an seinen glatten Körnchen bleibt nichts hängen, und so erklärt sich die anfänglich so räthselhafte Erscheinung, dass beim Filtriren durch sterilen Sand das Spreewasser lange Zeit hindurch statt einer Verminderung sogar eine Bereicherung an Mikroorganismen erfuhr, auf ziemlich einfache Weise.

Nachdem jetzt diese Thatsache verständlich geworden, sind die darauf bezüglichen Zahlen am Platze.

Auf das durch starke Erhitzung total steril gemachte Probefilter, wozu ich ein hartgelöthetes kupferness Gefäss beutzte, wurde, nachdem vorher die Ausfüllung des Porenvolumens mit sterilem Wasser stattgefunden hatte, Spreewasser gebracht und dessen Filtration nach eintägigem Ablagern begonnen. Es wurden gefunden

		entwickelungsf. Keime von Mikrophyten	
		vor der Filtr.	nach der Filtr.
am	2. Tage	13500	97900
„	4. „	11700	35300
„	6. „	13860	205000
„	8. „	5110	37820
„	10. „	3120	17825
„	12. „	1320	29900
„	16. „	1803	4928
„	18. „	3154	2555
„	22. „	1120	2356

Vorgänge dieser Art können sich, nachdem die Verschleimung des Sandes stattgefunden, nicht mehr wiederholen. Denn sobald die Mikroorganismen ihren Herd, die Schmutzdecke, verlassen haben, gerathen sie in Zonen, die wegen der überall vorhandenen Aufhängepunkte schwer für sie passirbar sind. Sie vermögen deshalb, von einzelnen Ausnahmen abgesehen, nicht allzu tief in den Sand einzudringen und sammeln sich in den obersten Partieen in grosser Menge an, wobei sie für weitere Nachzügler einen vortrefflichen Fang bilden. Vor ihrem Wiedererscheinen (im Filtrat) ist man jedoch nicht eher sicher, als bis ihnen auch die Möglichkeit geraubt ist, sich durch Generationswechsel von der Fangstelle aus weiter fortzuschieben. Darin besteht eine der wichtigsten Aufgaben des Betriebes, auf die derselbe sein Augenmerk sogleich von Hause aus, schon bei der Vorbereitung des Filtrirmaterials in der Sandwäsche zu lenken hat.

Im Hinblick auf das eigenthümliche Verhalten des sterilen Sandes könnten Zweifel entstehen, ob es denn nothwendig sei, den beim Filterbetriebe in Cirkulation versetzten Sand einer gründlichen Reinigung zu unterwerfen. Gewaschen muss der verschmutzte Sand, wenn man auf seine Wiedergewinnung nicht verzichten will, allerdings werden. Aber es erscheint zunächst nur nöthig, seine Durchlässigkeit wiederherzustellen durch Entfernung aller derjenigen Körperchen, welche die Poren verstopfen könnten. Das jetzige Waschverfahren ist nun gleichzeitg darauf gerichtet, den Sand von allen anhaftenden organischen Verunreinigungen auf das Vollkommenste zu befreien. Kommt diese Sorgfalt in Wegfall und wird der Sand nur flüchtig abgespült, so bleibt er mit vielen in Fäulniss begriffenen organischen Substanzen vermischt. Eine aus solchem Sande gebildete Schicht ist einem zwar mageren, aber immerhin doch nährfähigen Substrat vergleichbar und veranlasst eingedrungene Keime von Mikroorganismen zur Entwickelung; es erfolgt alsbald deren Vermehrung, und die aus derselben hervorgehenden Individuen wandern mit dem Wasserstrom eine kurze Strecke weiter. Wo sie auf ihrem Wege aber auch aufgehalten werden mögen, überall treffen sie wieder auf das Nährsubstrat, und dasselbe Spiel beginnt von Neuem. Die auf Generationswechsel beruhende Wanderung findet ihre naturgemässe Grenze erst dort, wo die Lebensbedingungen aufhören, und das ist der Fall in reinem, fäulnissfreiem Sande. Aus diesem Grunde, dem sich weiter unten noch ein anderer zugesellen wird, ist es ganz richtig, zum Aufbau filtrirender Schichten von vorn herein nur gut gereinigtes Material zu verwenden.

Die Veränderungen, denen die Beschaffenheit des Sandes im Laufe der Filtration unterliegt, haben wir als unwillkürliche und willkürliche zu unterscheiden. Zuerst und ganz von selbst, ohne jedes Zuthun, als eine nothwendige Folge der dem frischen Sande innewohnenden Absorptionskräfte, vollzieht sich die Verschleimung. Hat sich aber dieser das Klärungsvermögen des Filters beträchtlich steigernde, das Gedeihen der Mikroorganismen jedoch noch ausschliessende Zustand hergestellt, so kommt es darauf an, ihn möglichst zu konserviren, und die massenhafte Aufstapelung von Unreinigkeiten in der Sandschicht zu verhüten. Dementsprechend ist der Gang der Filtration zu regeln.

Vor allem erscheint es von Wichtigkeit, dass sich bei Anfang des Filtrirens die Kanälchen des obersten Sandes erst genügend verdichten, bevor grössere Geschwindigkeiten angewandt werden. Vorher ist übrigens die Keimdichtheit auch des besten Filters mangelhaft. Das Filter Nr. 4, welches sich durch sehr gute Leistungen auszeichnete, war am 31. März v. J. in der üblichen Weise gereinigt, darauf mit reinem Wasser angelassen und wieder in Betrieb gesetzt worden. Man fand

	entwickelungsf. Keime von Mikrophyten	
	in 1 cc filtr. W.	in 1 cc Spreew.
am 1. April	205	28845
„ 4. „	112	21000
„ 6. „	60	12560
„ 10. „	36	12958
„ 14. „	17	3378
„ 16. „	22	2150

Ferner ist es sehr empfehlenswerth, die Filter ganz gleichmässig fortarbeiten und den Druck dabei kontinuirlich zunehmen zu lassen. Treten plötzlich grössere Druckveränderungen ein, so wird jedes Mal die Schlammdecke ausgepresst und das Wasser in erkennbarer Weise getrübt.

Um den gewünschten Beharrungszustand bei der Filtration herbeizuführen, ist die Anlage so grosser Reinwasserreservoire nothwendig, dass die stündlichen Schwankungen des Consums den Filterbetrieb nicht mehr beeinflussen können. Solcher Einrichtungen gänzlich ermangelnd, auf die Verwerthung eines schon sehr verdorbenen Flusswassers angewiesen und im Interesse der neuen Werke in Tegel zur Rolle eines Lückenbüssers verurtheilt, hat das Wasserwerk vor dem Stralauer Thor heut zu Tage einen äusserst schwierigen Stand, besonders im Hochsommer, wenn die Anforderungen bis zur Überbürdung steigen und in jeder Stunde wechseln, während doch der Gesammtinhalt des Reinwasserreservoirs noch nicht für eine halbe Stunde ausreicht. Unter diesen Umständen ist doppelte Vorsicht und manche Maaßregel geboten, die anderswo vielleicht für zu weit gehend gehalten werden möchte.

Die angeführten bakteriologischen Untersuchungen geben die Zeitpunkte zu erkennen, wann bei dem Sandfilter eine mehr oder minder anhaltende Insufficienz eintritt. Es ist das in höherem Grade immer der Fall unmittelbar nach Einfüllung einer neuen Sandschicht, in geringerem und schnell vorübergehend nach jedem Reinigen. Um nun das Leitungswasser vor Mitleidenschaft zu bewahren, bleibt nichts weiter übrig, als das Filtrat so lange von einer Verwendung auszuschliessen, bis es genügend rein geworden ist. Erst dann wird es in das Reinwasserbassin geleitet. Nach vielen übereinstimmenden Ermittelungen liefert ein gereinigtes Filter schon am zweiten Tage ein annähernd brauchbares Wasser. Nach der Erneuerung der Sandschicht jedoch kann man nicht vor 8 bis 10 Tagen darauf rechnen; man thut also gut, wenigstens eine Woche lang auf die Gewinnung von Wasser zu verzichten.

Bei strenger Beobachtung all dieser Vorsichtsmaaßregeln lässt sich mit Sandfiltern ein ziemlich konstantes und befriedigendes Resultat erzielen. Der Keimgehalt des filtrirten Wassers beträgt in Station I während der Perioden eines gemässigten und ungestörten Betriebes gewöhnlich weniger als 100 pro 1 cc, erreicht also unter Verhältnissen, welche einen langsameren und gleichmässigeren Gang der Filtration zulassen, niemals einen bedenklichen Grad. Die dabei in Betracht kommenden Durchschnittsgeschwindigkeiten sind erheblich kleiner als 100 *mm* pro Stunde.

Die Entlastung, welche die Station I gegen Mitte vorigen Jahres durch die abermalige Erweiterung der Tegeler Anlage erfuhr, verschaffte die Gelegenheit zu einem früher hier nie ausführbaren Experimente, nämlich zur Feststellung der Leistung eines Filters bei minimalen Geschwindigkeiten. Mit abnehmender Geschwindigkeit verminderte sich mehr und mehr die Anzahl der Keime; aber eine an Keimfreiheit grenzende Beschaffenheit des Wassers wurde erst erzielt bei Geschwindigkeiten von höchstens 30 *mm* pro Stunde. Alsdann fanden sich in den Proben gewöhnlich nicht mehr und nicht weniger als 10 bis 15 Keime vor, während die Spree nach ihrer Gewohnheit deren Tausende enthielt. Es wäre aber doch gar merkwürdig, dass ein so winziger Rest sich so regelmässig durch die Sandschicht hindurchgearbeitet haben sollte. Man kommt unwillkürlich auf die Vermuthung, dass er vielleicht auch anderer Provenienz gewesen sein könne, und braucht in der That nicht lange danach zu suchen.

Wir haben bereits die Veränderungen kennen gelernt, denen im längeren Verlaufe der Filtration die Sandschicht unterworfen ist. Sie geht mehr und mehr in den Zustand über, den wir mit dem Ausdruck Verschleimung bezeichneten und zwar in allen ihren Theilen, die untersten nicht ausgenommen. Wir haben ferner gesehen, dass nur ein Theil der beherbergten Keime an den Sandkörnchen unbedingt festsitzt, dass dagegen viele andere sehr leicht abgespült werden können. Letztere werden gewiss bei der häufigen Trockenlegung des Filters noch mehr gelockert. Sie verlieren also ihren Halt und werden schon von einem schwachen Wasserstrom ergriffen und weggeführt. Namentlich ist die Stelle, wo Kies und Sand an einander grenzen, eine kritische Zone; denn was hier losgerissen wird, kann nirgend mehr festgehalten werden.

Unter diesem Gesichtspunkt gewinnt die Frage nach der zulässigen Filtrirgeschwindigkeit eine neue Bedeutung: man darf den Wasserstrom nicht so stark anwachsen lassen, dass er im Stande sei, von dem unteren Sande grössere Mengen von Keimen abzuspülen. Das Resultat hängt nun ganz davon ab, wie weit man den Forderungen der Hygiene Rechnung zu tragen sich entschliesst. Besteht man auf möglichster Keimfreiheit, so dürfen die Filtrirgeschwindigkeiten 30 mm pro Stunde nicht übersteigen; ist man mit Leistungen, wie sie das Stralauer Werk erreicht, zufrieden, so kann man 60 bis 80 mm zulassen; über 100 mm aber hinauszugehen, dürfte höchstens unter so günstigen Verhältnissen, wie sie ein mit aller Sorgfalt hergerichtetes neues Werk darbietet, gestattet sein.

Noch will ich auf einige Folgerungen hinweisen, die sich aus dem Zustandsdiagramm, welches weiter oben dargestellt wurde, für den Filterbetrieb ergeben. Da beim Reinigen eines Sandfilters jedes Mal eine dünne Schicht Sand abgehoben und entfernt wird, deren Ergänzung aber aus praktischen Gründen erst nach häufiger Wiederholung dieser Prozedur vorgenommen wird, so kann schliesslich der Fall eintreten, dass die restirende Sandschicht zu dünn wird, um noch gut zu funktioniren. Es ist wünschenswerth, auch in dieser Beziehung eine Grenze festzustellen.

Wir haben, wenn ein Sandfilter zu arbeiten aufhört, den durch die schraffirte Figur $b\,x\,x\,k\,l$ dargestellten Endzustand konstatirt und finden, nachdem das Filter gereinigt worden, den bildlichen Ausdruck für den Anfangszustand, beim Wiederbeginn des Filtrirens, indem wir von dem obigen Diagramm das Stück $x\,q\,o\,l\,b$ abschneiden, welches der beim Reinigen des Filters abgeräumten Schicht $e\,n$ entspricht. Denken wir uns nun die Sandschicht in lauter Zonen von der Weite $e\,n$ zerlegt, so kommt bei jeder Wiederholung der Reinigung eine solche Zone in Wegfall; in den übrig bleibenden aber stellen sich während den Betriebsperioden des Filters und zwar in der Reihenfolge von oben nach unten immer wieder die Zustände her,

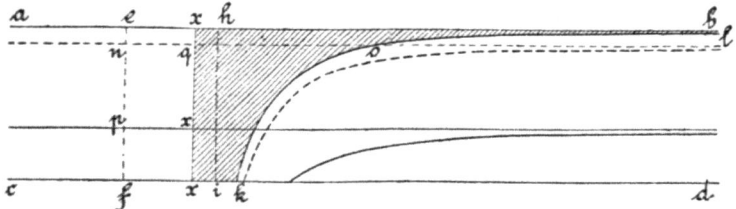

die das Versagen des Filters herbeiführen, und deren typischer Ausdruck durch das Diagramm $b\,x\,x\,k\,l$ gefunden ist. Der Effekt der fortgesetzten Schwächung der Sandschicht ist bildlich ausgedrückt also der, dass das Diagramm $b\,x\,x\,k\,l$ tiefer und tiefer rückt und der Schnittpunkt k der begrenzenden Curve $k\,o\,l$ mit der festliegenden

Unterkante $c\,d$ der Sandschicht sich immer mehr von der Linie $h\,i$ entfernt, die den Urzustand des Filters charakterisirte. Bei einer Dicke der Sandschicht gleich $e\,f$ ($= 30$ *cm*) liegt der Schnittpunkt k noch ziemlich nahe der Linie $h\,i$, bei der Dicke $p\,f$ ($= 10$ *cm*) jedoch schon sehr weit ab, d. h. Sandschichten dünner als 30 *cm* sind für die Filtration nicht mehr brauchbar. Die Organismen resp. deren Keime dringen schon in zu grosser Zahl bis in die kritische Zone vor und gelangen leicht aus den bei der Feststellung der Filtrationsgeschwindigkeit angegebenen Ursachen in das filtrirte Wasser.

Demgemäss wird hier beim Betriebe verfahren. Das Filter erhält eine neue Füllung, wenn auch noch mehr als ca. 30 *cm* Sand darin liegen. Doch wird der frische Sand nicht ohne Weiteres auf den alten geschüttet, sondern von letzterem je nach Umständen die oberste Lage abgenommen; je nach Umständen, d. h. je nachdem man es mit einem bedeckten oder mit einem offenen Filter zu thun hat. Bei offenen Filtern genügt es, die Sandschicht an dem Sonnenlicht zu oxydiren. Die Art der Manipulation habe ich an anderer Stelle schon beschrieben, ohne jedoch einen Maaßstab für den Effekt angeben zu können. Die bakteriologischen Untersuchungen haben auch diese Lücke ausgefüllt. Die oxydirende Wirkung der Sonnenstrahlen ist in der That erstaunlich und kommt der einer starken Erhitzung ziemlich gleich. In einer aus den oberen Partieen eines Sandfilters entnommenen Sandprobe, die, bevor sie der Sonne exponirt wurde, pro *kg* mehr als 600 Millionen entwickelungsfähiger Keime enthielt, blieben davon, nachdem sie vollständig gedörrt war, nicht mehr als 60 Millionen, also der zehnte Theil übrig. Werden in den Oxydationsprozess auch die tiefen Schichten, die — eine vorsichtige Filtration vorausgesetzt — viel weniger inficirt sind, einbezogen, so erlangen sie einen Grad von Reinheit, der durch Waschen allein nicht erzielt werden kann. Darin dokumentirt sich ein wesentlicher Unterschied zwischen offenen und bedeckten Filtern und zwar zu Gunsten der ersteren. Er lässt sich einigermassen, aber nicht vollständig ausgleichen, wenn man aus den bedeckten Filtern nach längeren Betriebsperioden — mindestens alle 10 Jahre — die untere Sandschicht gänzlich herausnimmt und durch neues, höchst sauber gewaschenes Material ersetzt.

c) Der chemische Effekt.

Wir haben bisher die Sandfiltration nur als einen Prozess betrachtet, durch welchen im Wasser suspendirte, nicht hineingehörige, lebende und todte Körperchen zurückgehalten werden. In vielen Fällen ist damit jedoch nicht genug geschehen, sondern handelt es sich weiter darum, die Eigenschaften des Wassers an sich als Flüssigkeiten zu verbessern. Nicht selten enthalten Wässer gelöste Substanzen, durch welche ihre Brauchbarkeit — sei es als Trinkwasser oder zu ökonomischen Zwecken — sehr beeinträchtigt wird. Ein Beispiel dieser Art sind die Gewässer des norddeutschen Flachlandes, welche vielfach in Folge einer Auslaugung mooriger Terrains eine hässliche braune Färbung und einen unangenehmen, multrigen Beigeschmack besitzen, und obschon die humösen Substanzen, denen diese üblen Eigenschaften ihr Entstehen verdanken, nicht im mindesten gesundheitsschädlich sind, so werden sie doch allgemein als eine grosse Belästigung empfunden.

Die Fälle, wo in Folge mineralischer Auflösungen ein Wasser verbesserungsbedürftig geworden, schliesse ich hier als nicht zum Gegenstand gehörig aus. Die Entfernung solcher Stoffe muss einem chemischen Verfahren vorbehalten bleiben. Aber nach Analogie der Vorgänge im natürlichen Boden ist man berechtigt, von der Sandfiltration wenigstens eine gewisse Rückwirkung auf organische Verunreinigungen des Wassers zu erwarten, und es kommt jetzt darauf an, für ihre Leistungsfähigkeit nach dieser Richtung hin ebenfalls einen Maaßstab zu gewinnen, wozu am sichersten die völlige Durchführung des Vergleiches mit dem Boden dient.

Der Boden und zwar nicht allein der humusreiche, sondern auch schon der magere Sandboden hat die Fähigkeit, im Wasser gelöste organische Stoffe der verschiedensten Art zu absorbiren. Einer Erschöpfung seines Absorptionsvermögens wird indessen im natürlichen Laufe der Dinge durch die gleichzeitig eingeleitete Mineralisirung der aufgenommenen organischen Stoffe entgegengearbeitet. Es ist das bekanntlich eine Art Selbstreinigung des Bodens, die mit Nitrifikation und Kohlensäurebildung abschliesst. Letztere beiden Prozesse, welche sich übrigens auch auf die im Wasser verbliebenen, nicht absorbirten organischen Reste erstrecken, nehmen, abgesehen von einem gewissen Optimum der Temperatur, nur dann einen energischen Verlauf, wenn Sauerstoff in sehr grossem Ueberschuss zugegen ist; sie spielen sich daher fast gänzlich in dem oberhalb des zusammenhängenden Grundwasserspiegels liegenden Schichtencomplexe ab, wo die volle Wassercapacität noch nicht erreicht ist, sondern die Capillaren zum grossen Theile noch mit atmosphärischer Luft angefüllt sind. Dort ist das Wasser in einer Weise ausgebreitet, dass es dem Sauerstoff der Luft die denkbar grösste Berührungsfläche darbietet; dort kann auch nie ein Mangel an Sauerstoff eintreten, da jeder Verbrauch augenblicklich durch die ungehemmte Luftcirkulation ersetzt wird. Die oberen Erdschichten sind ferner ungemein reich an Mikroorganismen, und obgleich es noch nicht gelungen ist, die saprophytischen Species derselben, welche bei der Umwandlung des organischen Stickstoffes und Kohlenstoffes als Werkzeuge dienen, zu isoliren und im Einzelnen zu studiren, so ist doch sicher, dass sie nirgends fehlen und überall im Interesse der Vegetation ihre eigenthümliche Thätigkeit ausüben. Endlich ist der Aufenthalt des Wassers in dieser für seine Reinigung so belangreichen Zone ein äusserst ausgedehnter, die pro Flächeneinheit des Bodens im Laufe eines ganzen Jahres versickernde Wassermenge jedoch eine sehr geringe. Für Berlin ist z. B. eine jährliche Regenhöhe von 59,7 cm festgestellt; selbst wenn die Hälfte der gesammten Niederschläge, was doch gewiss eine hohe Annahme ist, in den Boden eindringt, so saugt ein Quadratmeter Fläche durchschnittlich im Jahre nicht mehr als 0,287 cbm Wasser auf.

Wo alle die erwähnten Bedingungen erfüllt sind und das Gleichgewicht der Kräfte nicht gestört wird, hat der Boden in der That ein grosses Leistungsvermögen; er reinigt Spüljauche bis zu einem Grade, dass sie fast trinkbar wird und verträgt davon sicherlich eine grössere Quantität als die Regenmenge ist, wenn einer Verjauchung durch etwaige Anstauung des Grundwasserstandes auf geeignete Weise vorgebeugt ist. Bei den Berliner Rieselfeldern kommt z. B. durchschnittlich auf ein Quadratmeter Land ein Cubikmeter Jauche.

Im Vergleiche zum Boden befindet sich ein gewöhnliches Sandfilter in einer recht ungünstigen Lage. Bei ihm geschieht fast das Gegentheil von Allem, was jenem zum glänzenden Erfolge verhilft. Zunächst schon welcher Unterschied in der Stellung der Aufgabe!

Nehmen wir für das Sandfilter mit Rücksicht auf die Betriebspausen pro Jahr nur 300 Arbeitstage, während dieser Zeit aber eine gleichmässige, stündliche Geschwindigkeit von 100 mm an, so filtrirt 1 qm Sandfläche jährlich die Wassermenge $300 \cdot 24 = 720$ cbm ab, das ist mindestens $\frac{720}{0,287} = 2510$ Mal soviel wie in derselben Zeit eine gleich grosse Bodenfläche der hiesigen Gegend an Regen aufsaugt.

Die zur Filtration verwendeten Flusswässer haben selten eine so hohe Oxydirbarkeit wie die Spree. Zur Oxydation der organischen Substanzen werden indessen auch in günstigeren Fällen nicht weniger als 20 mg Kaliumpermanganat pro 1 Liter verbraucht werden. Wir können nun, soweit nach dem Verhalten gegen Kaliumpermanganat Vergleiche erlaubt sind, die dem Filter zufallende Aufgabe als identisch mit der betrachten, dass der Boden ein Wasser von einer Oxydirbarkeit entsprechend

$$20 \cdot 2510 = 50\,200 \; mg \; \text{Kaliumpermanganat}$$

zu reinigen habe, welches ihm in gleichen Mengen und Zeiten wie der aufgesaugte Regen zugeführt werde (0,287 cbm pro 1 qm im Jahr).

Die Spüljauche, mit welcher Rieselfelder getränkt werden, hat zwar eine wechselnde Concentration, ihre Oxydirbarkeit dürfte aber höchstens einem Verbrauche von 1000 mg Kaliumpermanganat pro 1 Liter gleichkommen. Versinkt von solcher Jauche auf 1 qm Land jährlich 1 cbm oder ungefähr 5 mal so viel wie an Regen versickert, so ist nach gänzlich vollendeter Reinigung derselben erst eine Wirkung entsprechend

$$1000 \cdot 5 = 5000 \; mg \; \text{Kaliumpermanganat}$$

erzielt und die gestellte Aufgabe zum grössten Theile noch unerledigt.

Ob der Boden viel mehr zu leisten im Stande sei, ist mindestens fraglich, da seine Wirkung um so schwächer wird, je mehr die Befeuchtung zunimmt und endlich fast ins Stocken kommt, sobald überall die volle Wassercapacität erreicht ist.

Wir sehen daraus, dass bei der Bewältigung der grossen Wassermassen, welche im Laufe eines Jahres über ein Sandfilter gelassen werden, ein durchgreifender chemischer Effekt überhaupt unmöglich ist, selbst wenn wir auf die ungeschwächte Mitwirkung aller derjenigen Faktoren rechnen dürften, welche zusammen im Boden das Werk der Reinigung vollziehen. Das ist nun vollends ganz und gar nicht der Fall.

Erstens kann es schon zu keiner belangreichen oder gar andauernden Absorption der organischen Substanzen kommen. Dieselbe spielt höchstens bei Anfang des Filtrirens eine schnell vorübergehende Rolle; sie erlischt, sobald die Flächen der Sandkörnchen belegt sind und läuft keineswegs auf eine Ausfüllung des Porenvolumens aus. Beim probeweisen Filtriren gefärbter Flüssigkeiten wird man immer finden, dass die färbenden Substanzen, wenn überhaupt, so doch nur kurze Zeit zurückgehalten werden. Durch Anwendung sehr dicker Schichten recht feinen Sandes liesse sich allerdings das Absorptionsvermögen des Filters erheblich verstärken, aber was wäre gewonnen, wenn es anstatt in zwei bis drei Tagen spätestens doch in ebenso viel Wochen wieder erlösche und nicht dauernd erhalten bliebe! Für eine Restitution aber fehlen die Bedingungen, die oben bei flüchtiger Skizzirung der Vorgänge im Boden bereits angegeben wurden.

Im Gegensatze zu den oberen Bodenschichten ist die filtrirende Sandschicht ganz und gar mit Wasser angefüllt und die atmosphärische Luft vollständig daraus verdrängt. Eine Selbstreinigung der Sandschicht analog derjenigen des Bodens ist also ausgeschlossen oder doch wenigstens auf ein so geringes Maaß beschränkt, dass die Filtration davon keinen nennenswerthen Nutzen haben kann. Für die fortlaufende Reinigung des Wassers mit Hülfe eines Sandfilters kommen folglich allein diejenigen Reaktionen in Betracht, welche entweder durch die Lebensthätigkeit der Mikroorganismen oder durch die mineralische Zusammensetzung des Sandes vermittelt werden. Sie haben ebenfalls einen gewissen Ueberschuss von atmosphärischer Luft zur Voraussetzung und gerathen in Stillstand bei mangelndem Sauerstoff. Man erkennt hieraus als ein weiteres höchst ungünstiges Unterscheidungsmerkmal zwischen der künstlichen Sandfiltration und dem Boden, dass ihr nur ein Minimum von Sauerstoff zur Verfügung steht, lediglich die geringe, im Wasser selbst aufgelöste Menge. Die Mineralisirung der organischen Substanzen wird dadurch ausserordentlich gehemmt und kann trotz der Gegenwart zahlreicher Mikroorganismen über ein kümmerliches Anfangsstadium nicht hinauskommen.

Nachdem im oberen Sande der Sauerstoff-Consum durch Mikroorganismen begonnen, finden die übrig bleibenden und in den unteren Sand hineingelangenden Reste keine andere Gelegenheit, zur Aktion zu gelangen als auf dem durch die Zersetzung eisenhaltiger Silikate geschaffenen Umwege. Dazu reicht die flüchtige Berührung des Wassers mit dem Sande keineswegs hin. Das Wasser verweilt in einer Sandschicht von 0,6 m Dicke, eine stündliche Filtrirgeschwindigkeit von 100 mm vorausgesetzt, kaum zwei Stunden, und oft wird sich der Aufenthalt noch mehr verkürzen, da ja die Menge des Sandes periodisch abnimmt. Bei einer sich darbietenden Gelegenheit, den Wirkungsgrad der vom Sande ausgehenden Reaktionen zu prüfen, wurde gefunden, dass eine sehr lange Zeit — mindestens sechs Wochen — vergeht, bevor durch sie der im Wasser gelöste Sauerstoff vollständig verzehrt wird. Von einer auf wenige Stunden beschränkten Berührung des Wassers mit dem Sande kann man füglich so gut wie nichts erwarten.

Die chemischen Veränderungen, denen das Wasser während der Filtration unterliegt, sind denn auch, wie genugsam bekannt, sehr geringfügige. Nitrifikation und Kohlensäurebildung bleiben in den Anfängen stecken, da für sie von dem wenigen im Wasser gelösten Sauerstoff höchstens 15 bis 20 % disponibel gemacht werden. Die am Spreewasser bemerkbaren Folgen der Filtration sind eine geringe Steigerung der Härte (Durchschnitt aus 30 Analysen $1/4$ ^{0}) die Vernichtung eines schwachen Ammoniakgehaltes (bis 0,2 mg pro Liter) und das Auftauchen einer kleinen Menge Salpetersäure, die im unfiltrirten Spreewasser gewöhnlich gänzlich fehlt.

Werfen wir nun einen Blick auf die Gesammtheit der beim Filtrirbetriebe beobachteten Erscheinungen zurück, so kommen wir zu dem Urtheil, dass sich der Praktiker wohl zu hüten habe, von der Sandfiltration mehr als Billiges zu fordern. Ihr Leistungsvermögen ist kein absolutes, sondern ein durchaus relatives; sie klärt das Wasser hinreichend, wenn die Körperchen, die seine Trübung verursachen, entweder gröberen Kalibers oder bei sehr feiner Zertheilung in beschränkter Zahl vorhanden sind; sie gewährt ferner genügenden Schutz gegen die eventuelle Uebertragung von Infektionsstoffen, so lange die Quellen, aus denen sie selber schöpft, nicht übermässig belebt sind; am unwirksamsten verhält sie sich gegen chemische Verunreinigungen. Wollte man speciell in letzterer Beziehung ihren Effekt steigern, so würden dazu sehr grosse Massen Sandes und eine nicht mehr nach Stunden sondern nach Tagen zählende Zeit gehören. Man wäre gezwungen, eine viel grössere Annäherung an die Vorgänge in der Natur zu suchen und den Anlagen eine Ausdehnung zu geben, die jedes Maaß überschritte.

d) Die bei der Filtration gebräuchlichen Hülfsverfahren.

Das einfachste und bequemste Mittel, eine Ausgleichung der Unvollkommenheiten des Filtrirprozesses herbeizuführen, ist, dass man eine Bezugsquelle von genügender Reinheit aufsucht. Entlegene Seen, die dem Einfluss der Besiedelung möglichst entzogen sind, verdienen dabei einen gewissen Vorzug vor den Flussläufen, da sie zugleich als Ablagerungsbassins einen beträchtlichen Werth haben. Sind sie sehr geräumig, so hat das Wasser Monate lang Zeit, die suspendirten Stoffe abzusetzen und kommt, da im ruhigen oder sehr wenig bewegten Mittel auch die Mikroorganismen allmählig niedersinken, in ausgezeichneter Weise vorbereitet auf die Filter. Man ist dadurch in der Lage, grössere Filtrirgeschwindigkeiten (mindestens 100 *mm* pro Stunde) anwenden und die Filteranlage auf das kleinste Maaß beschränken zu können. Insofern machen sich die hohen Kosten, welche durch die weite Entfernung der Versorgungsstelle vom Stadtgebiete entstehen, zum Theil wieder bezahlt.

Nicht immer kann dieser Weg mit Erfolg beschritten werden; wo nun einmal kein Wasser von wünschenswerther Qualität zu haben ist, muss die Kunst ihr mühsames Werk nach Kräften durchzuführen suchen. Die fortwährende Verlangsamung der Filtrirgeschwindigkeiten bis zu den im Abschnitt a für gewisse schwierige Fälle angegebenen Grenzen ist ein viel zu kostbares Mittel, um davon Gebrauch machen zu können, namentlich wo das Klima zum Überbau der Filterflächen nöthigt. Diese Erwägung ist wohl hauptsächlich die Veranlassung geworden, dass man an manchen Orten die Ausführung der Filtration theilt, indem man am Centralpunkt die Gesammtmasse des Wassers nur in nothdürftiger Weise vorklärt, den einzelnen Consumenten aber anheimstellt, für Erfüllung weiter gehender Ansprüche selbst Sorge zu tragen und sich zu dem Zwecke der Kleinfilter zu bedienen. Das heisst im Grunde genommen nichts anderes, als eine unbequeme Last auf die Schultern anderer abwälzen. Schwerer jedoch als die Unbilligkeit wiegen die Bedenken, welche die Hygieniker mit Recht einem solchen System entgegenhalten. Die Gefahr einer event. Ausbreitung von Krankheitsstoffen ist erst dann unterdrückt, wenn nicht allein das zum Trinken, sondern auch das zum Verbrauche bestimmte Wasser hinlänglich befreit ist von jenen winzigen Elementar-Organismen, die zuweilen einen pathogenen Charakter besitzen. Ferner ist von derselben Stelle aus darauf hingewiesen worden, dass ein grosser Theil der im Gebrauch befindlichen Kleinfilter und zwar namentlich die am weitesten verbreiteten, die Kohlenfilter, das Wasser im hygienischen Sinne nicht verbessern, sondern verschlechtern. Qualitativ befriedigende Resultate liefern zwar gewisse Thonfilter und diejenigen Systeme, bei denen sich das Wasser durch äusserst dichte, sehr kunstvoll hergestellte Scheiben hindurchbewegt, bei allen tritt indessen früher oder später die Insufficienz ein, und es ist sehr lästig, auf diesen Zeitpunkt immer ein wachsames Auge haben zu müssen. Ein gemeinsamer Uebelstand der Kleinfilter ist noch ihre sehr geringe Ergiebigkeit und das schnelle Versagen, wodurch ein häufiger Wechsel des Filtrirmaterials geboten wird. Die Anwendung höherer Drucke hat sich hierbei als ein unzulängliches Gegenmittel erwiesen und zwingt ausserdem dazu, die Gefässe sehr fest und sorgfältig herzustellen. Im Ganzen kann man der Kleinfiltration im gegenwärtigen Stadium ihrer Entwickelung keinen höheren Werth als den eines Nothbehelfs einräumen; sie arbeitet theuer und ist unbequem. Wo es sich um besonders subtile Behandlung kleiner Quantitäten Wassers handelt und andere Aushilfe fehlt, ist sie am Platze. Wer aber gar das ihr zu Grunde liegende Princip: die Filterflächen derartig zu verdichten, dass die Durchtrittsöffnungen an Kleinheit noch die winzigsten der im Wasser vorkommenden Körperchen übertreffen, auf den Grossbetrieb übertragen will, giebt sich einem hoffnungslosen Bemühen hin (Breyer in Wien).

Die bisher besprochenen beiden Methoden zur Entlastung der Sandfiltration sind entweder wie die Aufschliessung hinreichend reiner Bezugsquellen auf Gelegenheiten beschränkt, oder erfüllen wie die Combination mit Hausfiltern ihren Zweck nur ganz einseitig und lückenhaft. Es ist aber für beide charakteristisch, dass sie die nothwendige Leistung der Sandfiltration auf ein Minimum zu reduciren suchen und zwar die erstere von ihnen durch Benutzung gewisser in der Natur vollbrachter Vorarbeiten, die andere, indem sie den schwierigeren Theil der Aufgabe ausscheidet und nur in ganz beschränktem Umfange zur Erledigung bringt: Im Grunde genommen haben wir darin die Anfänge einer noch halb versteckten Arbeitstheilung zu erblicken, bei denen der Hydrologe eine mehr passive als aktive Rolle spielt. Die allgemeine und consequente Durchführung dieses Princips drängt ihn aber zu einem selbstständigeren Eingreifen und führt in letzter Consequenz zu der Nothwendigkeit, alle diejenigen Stoffe, die von der Filtration nur schwierig oder gar nicht zurückgehalten werden und doch aus dem Wasser entfernt werden müssen, einem Vorverfahren zu überantworten.

Entsprechend den drei Wirkungsarten, die wir bei der Sandfiltration unterschieden haben, ist auch die Aufgabe des vorbereitenden Verfahrens, wenn es seinem Zweck vollkommen entsprechen soll, eine dreifache; es muss sich durch dasselbe in einfacher Weise eine directe chemische Einwirkung auf das Wasser, bestehend in der Entziehung der gelösten organischen Substanzen, zweitens eine möglichst vollständige Niederschlagung oder Tödtung der Mikroorganismen, drittens eine für die Filtration angemessene Formveränderung der suspendirten Stoffe durch Coagulation, bewerkstelligen lassen. Bei der Auswahl der dazu dienenden Mittel scheint auf den ersten Blick gar keine Verlegenheit entstehen zu können. Viele Fällungsmittel, welche bei der Reinigung von Abwässern seit langem im Gebrauche sind, wie Kalk, Alaun, Eisen- oder Thonerdesalze bringen ja anscheinend die gewünschten Effekte hervor, indem sie unter Austausch mit gewissen Bestandtheilen des Wassers gallertartige Niederschläge bilden, welche die suspendirten Körper und zum Theil auch die gelösten organischen Stoffe einhüllen und zu Boden ziehen. Aber eben dieser Wechselwirkung wegen sind sie zu einer ausgedehnten Verwerthung bei der küntlichen Herstellung reinen und trinkbaren Wassers wenig geeignet; dazu sind sie nicht indifferent genug. Einzelne von ihnen sollten überhaupt von der Anwendung ganz ausgeschlossen bleiben, so z. B. der Alaun. Da an der Zersetzung dieses Doppelsalzes mit den Calciumcarbonaten des Wassers nur die eine Componente, das Aluminiumsulfat, betheiligt ist, so geht die andere, das schwefelsaure Kali, in Lösung über und vermindert bei unzulänglicher Verdünnung die Genussfähigkeit des Wassers in bedenklichem Grade. Ausserdem ist die Umwandelung der Calciumcarbonate in Sulfate für die Brauchbarkeit des Wassers zu technischen Zwecken nachtheilig (Kesselbetrieb).

Mit ähnlichen Uebelständen ist die Benutzung des Kalkes verbunden. Es ist unmöglich, immer so zu operiren, dass die zugeführte Menge des Kalkes sich gerade genau mit der Summe der freien und halbgebundenen Kohlensäure decke. Der geringste Ueberschuss an Kalk genügt aber schon, den Geschmack des Wassers zu verderben.

Erheblich günstiger als Alaun und Kalk verhält sich schwefelsaure Thonerde; sie hinterlässt im Wasser, wenn die nöthige Vorsicht geübt und jeder Ueberschuss vermieden wird, wenigstens keine andere Nachwirkung als eine Aenderung des Gypsgehaltes. Vor ihrer Anwendung muss das Grenzverhältniss der zulässigen Vermischung bestimmt werden. Dasselbe berechnet sich aus der Anzahl der an Kohlensäure gebundenen Härtegrade. Hat z. B. ein Flusswasser

5 solcher Grade und entspricht das zur Verfügung stehende Aluminiumsulfat der Formel $Al_2(SO_4)3 + 18 H_2O$, so würde bei einem Zusatz im Gewichtsverhältniss von 1 : 5000 der Sättigungspunkt erreicht sein. Für den specifischen Zweck, den man bei der Anwendung des Aluminiumsulfates ins Auge fasst, müssen natürlich geringere Quantitäten genügen.

In der Praxis hat man davon bis jetzt nur in ganz vereinzelten Fällen und in der ausschliesslichen Absicht, humöse Farbstoffe aus dem Wasser zu extrahiren, Gebrauch gemacht. Insofern hat das Aluminiumsulfat mehr eine lokale als eine allgemeine Bedeutung; sie gewinnt dieselbe aber gerade unter Verhältnissen, wie sie die norddeutsche Tiefebene darbietet und die in Holland am ausgeprägtesten sind. Es ist schon an anderer Stelle darauf hingewiesen worden, dass viele, durch die Niederungen träge dahinziehenden Flüsschen dieses Gebietes in Folge Auslaugung torfiger Gebilde ein bräunlich gefärbtes Wasser führen. Die Spree gehört zu dieser Categorie. Der Wunsch, die unschöne, gelbe Färbung des Wassers zu beseitigen, hat hier zu vielen Versuchsarbeiten mit Aluminiumsulfat Veranlassung gegeben. Der erforderliche Minimalzusatz stellte sich auf 33,8 g pro 1 cbm Wasser, was dem Mischungsverhältniss 1 : 30000 entspricht, doch musste letzteres bisweilen auf 1 : 20000 gesteigert werden. Merkwürdig hoch klingt eine aus Holland stammende Angabe, wonach das Schiedamer Wasserwerk pro 1 cbm Wasser bis 125 g Alaun verwendet (1 : 8000), das ist gleichbedeutend mit dem Zusatz von 86 g Aluminiumsulfat auf die gleiche Quantität Wassers (1 : 11600). Ein so hoher Verbrauch ist mir nur vorgekommen bei Versuchen, stark lehmig getrübte Wässer mit Hülfe von Aluminiumsulfat vorzuklären.

Die Ermittelungen über das Verhältniss, in welchem das Aluminiumsulfat dem Wasser zugesetzt werden muss, dürften kaum dazu beitragen, seine Anwendung zu erleichtern. Die zuzufügenden Quantitäten sind auch im günstigsten Falle noch so gross, dass die Mehrkosten der Filtration sehr bedeutend ins Gewicht fallen. Selbst wenn das minimale Verhältniss 1 : 30000 innegehalten wird, sind für je 1000 cbm Wasser 33,3 kg Aluminiumsulfat in Anrechnung zu bringen, was (einen Preis von 20 ℳ pro 100 kg vorausgesetzt) eine Mehrausgabe von 6,66 ℳ bedeutet. Bisher pflegten sich die unmittelbaren Betriebskosten bei der Filtration selten auf mehr als 3 ℳ pro 1000 cbm filtrirten Wassers zu stellen. Die event. Verwendung der schwefelsauren Thonerde käme also, wenn man allein den aus dem Material-Verbrauch entstehenden Zuschlag berücksichtigt, mindestens einer Verdreifachung der jetzigen Betriebskosten gleich. In Gröningen erreichen dieselben pro 1000 *cbm* Wasser sogar die Höhe von 10 Gulden. Und neben den Betriebskosten wachsen auch noch die Anlagekosten. Das mit Aluminiumsulfat behandelte Wasser darf nicht eher auf die Filter geleitet werden, als bis die ausgeschiedenen Thonerdeflocken beinahe vollständig niedergesunken sind. Bleiben grössere Reste davon im Wasser suspendirt, so versagen die Filter schon in 2 bis 3 Tagen oder auch noch früher. In Gröningen gewährt man daher acht Stunden Zeit zum Ablagern, was sich mit meinen Erfahrungen ebenfalls deckt. Die Niederschläge sind übrigens sehr voluminös und machen ein häufiges Ausräumen der Bassins nöthig.

Wählt man statt der schwefelsauren Thonerde Eisenchlorid (wie es ebenfalls auf einem holländischen Werke, in Gonda, geschieht), so hat man beim Betriebe ganz dieselben Plagen, wahrscheinlich aber noch grössere Ausgaben zu gewärtigen, da der Preis dieses Materials denjenigen des Aluminiumsulfates erheblich übersteigt.

Abgesehen von den in Holland gemachten Anfängen haben die Niederschlagsverfahren nach dem Vorbilde der Abwässerreinigung keinen weiteren Eingang in die Technik der Wassergewinnung gefunden. Für grosse Verhältnisse sind sie viel zu theuer, daneben ist die Sicherheit des Filtrationsbetriebes gefährdet und der Erfolg nicht in allen Stücken befriedigend. Ausserdem würde der allgemeine Widerwillen gegen ein mit Chemikalien behandeltes Trinkwasser schwer zu besiegen sein, zumal er, wie wir gesehen haben, nicht ganz unbegründet ist.

Die Neigung des Publikums zu Vorurtheilen zwingt insbesondere den Hydrologen zur grössten Vorsicht und macht die Auswahl seiner Hülfsmittel zu einer ebenso schwierigen wie knappen. Am wohlsten wäre ihm, wenn die Behandlung des Wassers mit reiner atmosphärischer Luft für seinen Zweck ausreichte. Die direkte Oxydation der organischen Verunreinigungen vollzieht sich leider so langsam, dass sie nicht abgewartet werden kann; die reichliche Zuführung fein vertheilter Luft ändert daran verhältnissmässig wenig. Der im Wasser gelöste Atmosphärsauerstoff erlangt aber auf indirektem Wege eine grosse Aktionsfähigkeit und zwar durch Vermittelung reinen, metallischen Eisens, dessen Wirkungsweise den Gegenstand des nächsten Abschnittes bilden wird.

II.
Die Bedeutung des Eisens für die Gewinnung reinen Wassers.

Das metallische Eisen lässt sich sowohl vermöge gewisser physikalischer wie chemischer Eigenschaften zur Reinigung des Wassers benutzen, und je nachdem man die einen oder die anderen zum Ausgangspunkte wählt, ergeben sich für seine Anwendung verschiedene Methoden. Seit längerer Zeit bekannt und gänzlich auf physikalische Vorgänge begründet, ist diejenige des Dr. Bischof in Glasgow, welcher die Entdeckung machte, dass schwammiges, durch Reduktion von Hämatit bei niedriger Temperatur erzeugtes Eisen sich dem Wasser gegenüber ganz ähnlich der plastischen Kohle verhält. Da über die Wirkungsweise dieses neuen Materials die Meinungen noch immer getheilt sind und sich zum Theil widerstreiten, so ist es angezeigt, mit einigen Worten darauf einzugehen.

Der Eisenschwamm.

Die Darstellung des Eisenschwamms beweist, dass es dem Erfinder darauf ankam, einen fein porösen Körper herzustellen, und da es ihm weiter gelungen ist, mit demselben übereinstimmende Wirkungen wie mit plastischer Kohle zu erzielen, so schliessen wir daraus, dass der Eisenschwamm ein mit bedeutenden Adhäsionskräften ausgestattetes Material sei. Wir schreiben es also der Flächenanziehung zu, dass aus wässrigen Lösungen ausser Gasen auch organische Verbindungen, namentlich solche von hohem Molekular-Gewichte — wie Farbstoffe — absorbirt werden. Es wäre aber gar kein Grund vorhanden, den Eisenschwamm der Kohle vorzuziehen, wenn er weder billiger noch wirksamer wäre als diese. Beides wird nun vom Erfinder behauptet und von mancher Seite auch zugestanden. In dem Berichte der vom Magistrat zu Antwerpen im Jahre 1885 behufs Prüfung des dortigen Leitungswasser niedergesetzten Commission heisst es z. B. pag. 5:

„Zwei Umstände verhindern die Anwendung der Kohle im Grossen, gleichviel unter welcher Form: 1. ihr hoher Preis, 2. ihre auf eine mehr oder minder kurze Zeit beschränkte Wirksamkeit. Die Filter werden schliesslich vom Schmutz durchdrungen und verpesten dann das Wasser anstatt es zu reinigen.

Nach Aussage der kompetentesten Chemiker, welche die Frage zu studiren hatten, giebt es jedoch eine andere Substanz, welche alle die Vortheile der Kohle darbietet, ohne deren Mängel zu besitzen: das ist der Eisenschwamm, welcher erhalten wird durch theilweise Reduktion des Hämatits. Sein Preis erlaubt allenfalls die Verwendung im Grossen, und Frankland versichert auf das Bestimmteste, dass die reinigende Wirkung bis zu kompleter Verstopfung der Poren anhält. So lange das Wasser hindurchgeht, würde es auch sicher gereinigt."

Vorstehendes Urtheil dürfte doch wohl manchem Widerspruch begegnen. Was zunächst die Preisfrage anbetrifft, für deren gründlichere Erörterung mir leider genauere Angaben fehlen, so ist sie jedenfalls von grösserer Bedeutung, als es nach der citirten Äusserung den Anschein hat. Nicht etwa die Seltenheit des Hämatits (er ist ein ziemlich weit verbreitetes Mineral), sondern seine Verarbeitung zu Eisenschwamm, die von dem allgemein üblichen metallurgischen Verfahren, durch welches Eisen im Grossen dargestellt wird, himmelweit verschieden und sehr umständlich ist, verursacht hohe Kosten. Die zur Darstellung dienenden Urstoffe, das Eisenerz und die reduzirende Kohle, müssen sehr fein zermahlen und sorgfältig mit einander vermischt werden, und die Temperatur genau so zu reguliren, dass sie zwar zur Reduktion, nicht aber zum Schmelzen hinreicht und nur eine Verfrittung bewirkt, bietet sicher grosse praktische Schwierigkeiten. Der Preis des Eisenschwamms muss sich daher unvergleichlich höher als derjenige des gewöhnlichen metallischen Eisens stellen und die Anwendbarkeit im Grossen sehr erschweren, wenn nicht verhältnissmässig geringe Quantitäten davon genügen.

Dagegen dürfte kaum zu bezweifeln sein, dass der Eisenschwamm viel kräftiger als die Kohle reagire. Wenigstens lassen sich dafür gewisse Wahrscheinlichkeitsgründe anführen: Die Pulver der edlen (der schwersten) Metalle kondensiren wie bekannt ein sehr bedeutendes Vielfaches ihres Volumens an Sauerstoff und erregen in denselben starke ozonidische Reaktionen; ebenso fein zertheiltes Eisen, entstanden wie der Eisenschwamm durch Reduktion reinen und fein zerriebenen Eisenoxydes bei niederer Temperatur unter Vermeidung des Sinterns, saugt den Sauerstoff ebenfalls mit Begierde auf und verbrennt sofort. Feingepulverte Kohle indessen, welche nach erfolgtem Ausglühen im luftleeren Raume abgekühlt wurde, erwärmt sich zwar noch, an die Luft gebracht, in Folge einer Verschluckung von Sauerstoff, entzündet sich aber gewöhnlich nicht mehr von selbst und auch nicht plötzlich. Es scheint demnach, als ob die Adhäsionskräfte der porösen Körper vom Typus der plastischen Kohle einer Steigerung fähig seien, wenn man zu ihrer Herstellung schwere Substanzen verwendet, und da dies ausschliesslich Metalle sind, so konnte die Auswahl wohl nur auf das Eisen fallen. Vielleicht hat dem Erfinder des Eisenschwamms solche Idee vorgeschwebt. Dass er die Absicht gehabt haben sollte, die kontinuirliche Bildung von Eisenoxydhydraten herbeizuführen und deren Reduktionskräfte rückwirkend zur Reinigung des Wassers zu verwerthen, ist kaum glaublich. Wozu hätte dann die ganze Mühewaltung, dem Eisen ein schwammiges Gefüge zu geben, gedient, da doch Stücke gewöhnlichen dichten Eisens ebenfalls leicht rosten, und warum wurde die Rostbildung durch Zutritt atmosphärischer Luft nicht noch unterstützt, statt sie durch deren Abschluss nach Möglichkeit zu beschränken. Bischof hütet sich sorgfältig, seinen Eisenschwamm jemals mit atmosphärischer Luft in Berührung zu bringen; die ev. Oxydation desselben ist ihm also höchstens von untergeordneter Wichtigkeit, wo nicht gar unerwünscht. Trotzdem ist sie ein Faktor, der selbst in seiner Verkümmerung in Rechnung zu ziehen ist.

Aus der Verwandtschaft des Eisenschwamms mit der Kohle folgern wir weiter, dass sich auch bei ihm mit der Zeit ähnliche Uebelstände fühlbar machen müssen wie bei dieser, soweit dieselben nicht aus Mangel an Energie, sondern aus der Natur der Wirkung hervorgehen. Wir erinnern hier an die in Kapitel I. Abschnitt c) hervorgehobene totale Insufficienz der Kohlenfilter gegenüber den Keimen der Mikrophyten. In allen Fällen nun, wo der Eisenschwamm direkt als Filtrirmaterial benutzt wurde, ist der Erfolg nach dieser Richtung hin nicht viel besser gewesen. Mag auch der chemische Effekt erst bei nahezu vollständiger Verstopfung der Poren erlöschen, der physiologische geht lange vorher verloren. Lewin hat zuerst darauf hingewiesen, und die anfänglich angezweifelten Ergebnisse seiner Untersuchungen haben neuerdings durch sehr gründliche Arbeiten des Königl. Hygienischen Institutes ihre Bestätigung erfahren. Die Ursache, warum Eisenschwamm und Kohle sich nicht als Filtrirmaterial im Sinne der Hygiene eignen, ist unschwer zu erkennen. Gerade diejenige Eigenschaft, welche zu ihrer Benützung herausfordert und die in der Fähigkeit besteht, aus wässrigen Lösungen organische Substanzen auszuscheiden, macht sie für die Zwecke der Filtration unbrauchbar. Denn da die Moleküle einer gelösten Substanz überall hinzudringen vermögen, so geht deren Ausscheidung und Ansammlung in allen vom Wasserstrom getroffenen, bei einem Filterkörper also in sämmtlichen Poren vor sich, während die abfiltrirten Keime zunächst nur in die äusseren eindringen. Ein in irgend welche Pore eingedrungener Keim findet daselbst an den aufgestapelten und fäulnissfähigen organischen Substanzen einen konvenirenden Nährboden vor, auf dem er zu Leben und Bewegung erwacht. Es wiederholen sich also dieselben, auf Generationswechsel beruhenden Vorgänge, denen wir unter gewissen Umständen auch bei der Sandfiltration begegneten; sie nehmen jetzt aber, da die Kohle im Vergleich zum Sande mit ungleich stärkerem Absorptionsvermögen ausgerüstet ist und sich in kürzester Zeit in einen reichlich gedüngten Nährboden verwandelt, einen sehr energischen Verlauf. Durch Anhäufung grosser Massen Filtrirmaterials lässt sich dagegen nichts weiter ausrichten, als dass eine Zeit lang die Verpestung des Wassers aufgehalten wird; eine sterile, die Wanderung der Bakterien dauernd hemmende Zone wie beim Sandfilter lässt sich aus Kohle oder Eisenschwamm nicht herstellen. Auch die dickste Schicht wird endlich in allen ihren Theilen, sowohl unten wie oben mit faulenden Ausscheidungsprodukten imprägnirt sein und dann zu einer um so schlimmeren Brutstätte von Bakterien werden. Besteht das Material in solchem Falle aus lauter gröberen Stücken, so wird sich die Durchlässigkeit in Folge des Einnistens der Mikroorganismen kaum merklich vermindern. Um so gefährlicher ist es dann, das nach längerer Betriebsdauer gewonnene Wasser nur nach dem Augenschein zu beurtheilen; es kann noch vollständig klar und farblos und schon im höchsten Grade schädlich sein.

So löst sich uns das Räthsel, dass eine weitverbreitete Klasse von Filtern für verschwindend kleine, todte Körperchen undurchdringlich und dabei doch unfähig ist, ein keimfreies Filtrat zu liefern. Wo die Lebensbedingungen einmal vorhanden, lassen sich die Keime nicht aufhalten, und es erklärt sich ferner, warum wiederum andre poröse Filtrirmaterialien als die eben betrachteten, nämlich solche, denen die Fähigkeit abgeht, aufgelöste organische Substanzen in ihrem Innern zu absorbiren, wie z. B. leicht gebrannter Thon oder Porzellan, in physiologischer Hinsicht befriedigender arbeiten. Sie bleiben eben länger von der gänzlichen Durchdringung mit organischen Stoffen geschützt. Als letzte Consequenz aber ergiebt sich die Zweckmässigkeit, ein Filtrirmaterial, namentlich wenn es in sehr dünnen Lagen zur Anwendung kommt, möglichst oft zu wechseln und nicht erst abzuwarten, bis es durch Absorptionen verdorben ist.

Die Anwendung des Eisenschwamms als Filtrirmaterial im grossen Maaßstab ist bekanntlich vor einigen Jahren in Antwerpen seitens einer englischen Compagnie versucht worden. Veranlassung dazu gab die Erkenntniss, dass das zur Versorgung der Stadt verfügbare, stark bräunlich gefärbte und durch stickstoffhaltige Substanzen sehr verunreinigte Nethewasser nicht durch blosse Sandfiltration in ein schmackhaftes und ansprechendes Trinkwasser verwandelt werden konnte. Wir haben hier also einen Fall vor uns, der gebieterisch ein Hinausgreifen über die Filtration forderte, und wenn wir nach dem oben gesagten auch bereits überzeugt sind, dass der eingeschlagene Weg zu keinem bleibenden Erfolge führen konnte, so ist es doch gewiss billig, von einem so grossartig eingeleiteten Experimente Kenntniss zu nehmen und der Unerschrockenheit der Initiative die wohlverdiente Beachtung zu schenken. Ueber das in Antwerpen getroffene Arrangement theilt Mr. Devonshire in einer besonderen Brochüre folgendes mit:

„Nachdem unter Aufsicht von M. G. H. Ogston, eines ausgezeichneten Chemikers, an der Entnahmestelle des Wassers zu Waelhem Versuche gemacht worden waren über die Einwirkung des Eisenschwammes auf das Nethewasser, haben die Ingenieure Easton und Anderson im Jahre 1881 drei Paar Eisenfilter von einer hinreichenden Grösse konstruirt, um täglich 10000 cbm Wasser zu reinigen. Jedes Filterpaar bestand aus zwei Bassins, einem oberen und einem unteren. In dem oberen befand sich der Eisenschwamm, über den eine dünne Lage Sand ausgebreitet wurde, der zum Zurückhalten der vom Wasser mitgeführten ungelösten Stoffe diente; das untere Bassin bildete ein gewöhnliches Sandfilter mit der Bestimmung, aus dem vom oberen Bassin ankommenden Wasser die unlöslichen Oxyde und Carbonate auszuscheiden, welche sich in Folge der Berührung mit dem Eisen und des nachträglichen Luftzutritts gebildet hatten."

Die hier skizzirte Einreihung des Eisenschwamms in die Schichtung des Filtrirmaterials musste nach einigen Jahren trotz der grossen Geldopfer, die sie erfordert hatte, wieder aufgegeben werden. Als maaßgebende Gründe führt Mr. Devonshire folgende an:

„Zuerst weil man den Eisenschwamm in sehr grossen Quantitäten anwenden musste, indem für die Beschickung der Bassins zu

Waelhem gegen 900 *tons* gebraucht wurden; ferner weil man gezwungen war, zwei Sandoberflächen zu reinigen und endlich weil die Poren des Eisenschwamms durch die Ansammlung chemischer Produkte allmählig verstopft wurden und daraus die Nothwendigkeit entsprang, die Porösität der Filter periodisch durch mechanische Hülfsmittel wiederherzustellen."

Ist diese Motivirung auch unvollständig und ein wenig verblümt, so wird von ihr doch im Ganzen die Richtigkeit der obigen Behaup-, tung, dass der Eisenschwamm als Filtrirmaterial nicht brauchbar sei eingeräumt. Im übrigen erfahren wir aus dem erwähnten rapport sur l'eau de la distribution pendant l'été de 1885, welche Verpestung das Leitungswasser zu Antwerpen allmählig erlitt. Dasselbe hatte damals, als sich die Behörde zum Einschreiten genöthigt sah, einen so widerlichen Geruch und Geschmack angenommen, dass es Niemand mehr geniessen mochte. Von Salubrität war vollends keine Rede mehr, und wer weiss, wie sich die Zustände gar bei Wegfall der Sandfiltration gestaltet haben würden.

Um Abhilfe zu schaffen, wurde zunächst der Eisenschwamm aus den oberen Bassins wieder entfernt und sodann für seine Verwerthung eine bessere Methode aufgesucht. Man ging dabei aus von der Ansicht, dass die Wirksamkeit des Eisenschwammes nicht in Stillstand gerathe, wenn für die Erhaltung seiner Porösität hinlänglich gesorgt werde. Die äusseren Poren unterliegen aber unbedingt sehr bald der Verstopfung durch die Ablagerung der Produkte, welche aus dem Wasser entfernt werden sollen. Wird von ihnen nichts mehr aufgenommen, so müssen neue Poren aufgeschlossen und dem Wasser zugänglich werden. Es lässt sich das nun ohne jede Störung der beabsichtigten Aktion bewirken, wenn man während derselben die Eisenschwammbrocken in eine solche Bewegung versetzt, dass sie sich gegenseitig und fortwährend abschleifen. Zu diesem Zweck hat Mr. Anderson einen beachtenswerthen Apparat konstruirt, welchen er Purifier nennt und dessen Einrichtung die folgende ist. Er bettete den Eisenschwamm in einen geräumigen Cylinder, jedoch nur in solcher Menge, dass kaum der vierte Theil des Hohlraumes davon ausgefüllt wurde. Durch diesen Cylinder, den er an beiden Enden verschloss und um die horizontal gelagerte Axe rotiren liess, leitete er in langsamem Strome das zu behandelnde Wasser, nachdem vorher für vollständige Verdrängung der atmosphärischen Luft gesorgt worden war. An dem inneren Umfange des Cylinders befanden sich

— 35 —

leistenförmige Längsschaufeln, welche bei jeder Umdrehung nach Art eines Elevators die Eisenbrocken emporhoben und aus einer gewissen Höhe wieder herabfallen liessen. Dadurch kamen die letzteren nicht allein in unaufhörlichen Contact mit dem Wasser, sondern schliffen sich in Folge des Aneinanderstossens auch in der gewünschten Weise ab. Es ist klar, dass sowohl die Dauer des Contactes wie auch der Verschleiss des Materials nach Bedürfniss geregelt werden konnte. Von der Trommel floss das Wasser mehr oder weniger getrübt auf ein Sandfilter.

Es ist nicht zu bestreiten, dass der Anderson'sche Apparat in geschickter Weise die Uebelstände der älteren Einrichtung beseitigt. In wie weit er jedoch den Erwartungen wirklich entsprochen, geht aus den citirten Schriften nicht präcise hervor. Mr. Devonshire theilt am Schlusse seiner Brochüre eine einzige chemische Analyse des Leitungswassers mit, ohne ihr die entsprechende des unfiltrirten Nethewassers gegenüberzustellen, und auch wenn er dieses gethan hätte, würde die Frage zu beantworten bleiben, was hat der Apparat an sich und was hat der damit verbundene Sandfilter geleistet. Dazu hätte es vor Allem einer Untersuchung des von der Trommel abfliessenden Wassers vor dem Eintritt in das Filterbassin bedurft. Wäre sie zur Ausführung gekommen, so würden wir schwerlich in der Schrift des Herrn Devonshire die Meinung ausgesprochen finden, dass der Eisenschwamm eine für Bakterien und deren Keime absolut tödtliche Substanz sei.

Gerade die angeblich wohlgelungene Unterdrückung der Mikroorganismen dürfte das besondere Verdienst des Sandfilters gewesen sein. Ist derselbe an sich schon unter normalen Verhältnissen, wie wir in Kapitel I. Abschnitt b) gezeigt haben, zu einer solchen Leistung sehr wohl befähigt, so kann für ihn die vorangegangene Berührung des Wassers mit dem Eisen nur von Vortheil gewesen sein. Trotzdem nämlich der Eisenschwammm vor allem Luftzutritt gehütet wird, ist das Rosten desselben nicht ganz zu verhindern. Die entstehenden Eisenoxyde bleiben an ihm nicht haften, sondern werden vom Wasser losgespült und auf das Filter geführt. Sie hüllen beim Niedersinken, indem sie sich zu gröberen Flocken vereinigen, alle schwebenden Körperchen ein und bilden alsbald auf der Oberfläche des Filters eine gut zusammenhängende Decke, die ihrer Natur nach, weil Eisen ihr Hauptbestandtheil ist, der Existenz der Mikroorganismen wenig zusagt. Diese Erwägung scheint den Verfassern entgangen zu sein. Sie legen in ihrem Urtheil über die Sandfiltration augenscheinlich zu viel Gewicht auf einige Laboratoriumsversuche, die wenig zu deren Gunsten ausgefallen sind, denen indessen für denjenigen die Beweiskraft fehlt, der die specifische Eigenthümlichkeit des sterilen Sandes kennt.

Das Verhalten des dichten Eisens.

Wenn man in dem Anderson'schen Apparate den Eisenschwamm durch Stücke gewöhnlichen, dichten Eisens ersetzt denkt, so müssen alle die Wirkungen, die auf der Porösität des ursprünglichen Materials beruhten, in Wegfall kommen, d. h. es muss sich in dem Falle zeigen, ob und welche chemischen Vorgänge in der Trommel stattgefunden haben. Auch darüber liegen bereits viele Ermittelungen vor.

Als im Jahre 1886 Mr. Anderson den städtischen Wasserwerken Berlins einen seiner Apparate zu einem Versuche anbot, erklärte sich das Curatorium der Wasserwerke gern dazu bereit, jedoch mit dem Hinzufügen, dass es nur auf Ergebnisse, die mit gewöhnlichen, dichten Eisen erzielt würden, einen Werth legen könnte. Nachdem Mr. Anderson hierzu sein Einverständniss erklärt und seinerseits nur das Verlangen gestellt hatte, den Eisenschwamm durch zerkleinertes Gusseisen zu ersetzen, wurde sogleich mit der Errichtung einer kleinen Anlage nach dem Muster der Antwerpener vorgegangen.

Die dargeliehene Trommel hatte einen lichten Durchmesser von 800 mm und eine Länge von 1,5 m; ihr Hohlraum betrug, abgesehen von einigen Verengungen, 0,75 cbm und das denselben ausfüllende Wassergewicht 750 kg. Sie wurde durch ein kleines Wasserrad in Bewegung versetzt und machte gewöhnlich in einer Minute eine Umdrehung, was einer Peripheriegeschwindigkeit von 42 mm entsprach. Zur Füllung dienten fett- und rostfreie Gusseisen-Spähne mittelgroben Formats, welche aus den Abfällen eines Cylinder-Bohrwerkes entnommen worden waren.

Als Gesammtgewicht einer Beschickung war $1/7$ des Wassergewichts, also 107 kg vorgeschrieben, wofür rot. 110 kg genommen wurden. Für das durchzuleitende Wasser verblieb danach in der Trommel noch das Volumen

$$0{,}750 - \frac{110}{7{,}1} = 0{,}735 \ cbm$$

Mit dem Apparat stand in Verbindung ein Sandfilter von 72 qm Flächengrösse, dessen 45 cm dicke Sandschicht aus dem bei uns üblichen, etwas groben Korn zusammengesetzt und dessen Ausrüstung noch durch einen hinter dem Reinwasserschieber angebrachten Wassermesser vervollständigt war. Ein zweiter Wassermesser befand sich in der Zuleitung zur Trommel.

Das Ganze stand Tag und Nacht unter sorgfältiger Ueberwachung. Der Wärter war angewiesen, nicht allein den Zufluss und Abfluss gleichmässig und übereinstimmend zu reguliren, sondern auch mit dem Sandfilter so wie unter gewöhnlichen Verhältnissen zu arbeiten. Die täglich abzufiltrirende Wassermenge wurde auf 2,5 m Höhe, die tägliche Wasserlieferung also auf

$$72 \cdot 2{,}5 = 180 \; cbm$$

und die stündliche auf

$$\frac{180}{24} = 7{,}5 \; cbm$$

estgesetzt. Für den Aufenthalt des Wassers in der Trommel oder für die durchschnittliche Dauer des Contaktes mit dem Eisen ergab sich daraus eine Zeit von

$$\frac{60 \cdot 24 \cdot 0{,}735}{180} = 5{,}88 \; \text{Minuten.}$$

Als das erforderliche Minimum waren $3^1/_2$ Minute angegeben worden, welcher Vorschrift also bestens genügt wurde.

Nach dem Verlassen der Trommel sollte das Wasser einer gründlichen Aëration unterworfen werden, um etwa gelöste Karbonate zur Fällung zu veranlassen. Es floss deshalb nicht auf dem nächsten Wege und in compactem Strome auf das Filter, sondern wurde durch eine lange, künstlich mit zahlreichen Hemmnissen besetzte Rinne geführt, deren letzter Theil mitten über das ganze Bassin parallel der Längsaxe gelegt war. Ueber die sorgfältig abgeglichenen Ränder der Rinne fiel das Wasser in Gestalt einer Traufe auf das Filter herab. Damit die herabfallenden Wasserstrahlen den Sand nicht aufwühlten, wurde vor Beginn des Zuleitens das Filter von unten her fast bis zur Hälfte mit reinem Wasser angelassen. Auf besonderen Wunsch des Herrn Devonshire legte man ferner noch den Ausfluss des filtrirten Wassers so hoch, dass beim Entleeren des Filters behufs Reinigung die Sammelkanäle, die Kieslage und zum Theil noch der Sand mit reinem Wasser gefüllt blieb und keine Luft in die unteren Partien eindringen konnte.

Am 22. Juni fand die Eröffnung des Betriebes unter möglichster

Befolgung des oben aufgestellten Programmes statt. Das war auch bis auf geringe Abweichungen durchführbar. Da nämlich in dem Rohre, welches das unfiltrirte Spreewasser an die Trommel heranführte, ein sehr variabler Druck herrschte, so lieferte es bei gleichmässiger Regulirung des Zuflusses in 24 Stunden statt 180 gewöhnlich nur 160 cbm (oder 6,66 cbm pro 1 Stunde). Der Contact des Wassers mit dem Eisen dehnte sich dadurch auf

$$\frac{60 \cdot 0{,}735}{6{,}66} = 6{,}62 \text{ Minuten}$$

aus und die stündliche Filtrirgeschwindigkeit ging auf 93 mm herab. Der Apparat war dennoch vor jeder Ueberanstrengung absolut sicher gestellt.

Das Wasser kam aus der Trommel in ziemlich getrübtem und stark grünlich gefärbtem Zustande hervor. Im Filterbassin nahm es nach stattgehabter Aëration ein röthliches Aussehen an. Das Filtrat konnte sich an Farblosigkeit und Klarheit mit dem Leitungswasser nicht messen; es war von Anfang an durch Eisenausscheidungen getrübt und blieb es auch, nachdem das Filter schon längere Zeit im Gebrauche gestanden. Eine vorübergehende Besserung wurde jedoch immer bei grosser Verlangsamung des Prozesses bemerkt.

In Folge dieser Beobachtung wurde am 4. August das Programm geändert und die stündliche Leistung des Filters auf 2,5 bis 2 cbm herabgesetzt. Die stündliche Filtrirgeschwindigkeit verminderte sich bis auf 30 mm, der Aufenthalt des Wassers in der Trommel aber verlängerte sich um das Dreifache (6,6 . 3 = 19,8 = rot. 20 Min.). Da auch bemerkt worden war, dass feine Eisenpartikelchen fortwährend aus der Trommel herausgespült wurden, so schien es angezeigt, empfindlichen Verlusten durch einen Ueberschuss vorzubeugen. Die Trommel erhielt deshalb jetzt eine Beschickung von 150 kg statt der ursprünglichen 110.

Die umstehende Tabelle giebt nun ein Bild von dem äusserlichen Verlaufe dieser kombinirten Filtration während der Zeit vom 4. August bis 16. September; sie könnte zwar bis zum 20. Dezember, an welchem Tage der Betrieb des Anderson'schen Probeapparates eingestellt wurde, fortgeführt werden, doch würde das ohne Interesse sein, da nur Wiederholungen zum Vorschein kämen.

Datum	tägl. abfiltr. Wassermenge cbm	stündl. Durchschnittsquantum cbm	entwickelf. Keime in 1,0 cc des unfiltr. W.	Filtrats	Bemerkung
86 Aug. 4	21	1,8			Das Filtrat ist von gelber Farbe.
„ 5	46	1,9	9 177	678	D. F. erreicht das Leitungsw. nicht an Farblosigk. u. blankem Aussehen.
„ 6	48	2,0			Filtrat und Leitung gleichwerthig in Bezug auf Farbe.
„ 7	48	2,0	15 839	89	Desgleichen.
„ 8	48	2,0			Desgleichen.
„ 9	53	2,2	14 720	96	Filtrat ein wenig dunkler als Leitung.
„ 10	56	2,3			Filtr. ein wenig heller als Leitung, beide gleich blank.
„ 11	56	2,3	4 516	60	Filtr. farbl. als Leitg., aber nicht ganz entf.
„ 12	57	2,4			Desgleichen.
„ 13	56	2,3	7 564	57	Desgleichen.
„ 14	56	2,3			Filtr. heller als Leitg., aber nicht so blank.
„ 15	53	2,2			Filtr. besser als Leitg., wenn auch nicht vollständig farblos.
„ 16	49	2,0	6 343	42	
„ 17	47	2,0			
„ 18	47	2,0	3 381	65	
„ 19	48	2,0			
„ 20	48	2,0			Desgleichen.
„ 21	48	2,0			
„ 22	41	1,7			
„ 23	40	1,7	13 906	87	
„ 24	12	2,0			

Summe des geförd. W. cbm: 978 Das Filter wird gereinigt.

„ 28	57	3,3	8 776	2 115	Das Filtrat ist noch nicht klar und von gelber Farbe.
„ 29	58	2,4			Desgleichen.
„ 30	57	3,3	14 769	121	Filtr. ist nicht blank, zeigt sonst aber dieselbe Färbung wie Leitnng.
„ 31	58	2,4			Filtr. ist blank und farbloser als Leitung, doch nicht vollständig entfärbt.

Datum	tägl. abfiltr. Wassermenge cbm	stündl. Durch- schnittsquantum cbm	entwickelf. Keime in 1,0 cc des		Bemerkung
			unfiltr. W.	Filtrats	
Sept. 1	58	2,4			Desgleichen.
„ 2	60	2,5			Filtrat sehr blank und nahezu farblos.
„ 3	56	2,3	7 936	93	
„ 4	57	2,4			
„ 5	58	2,4			
„ 6	57	2,4	3 140	95	
„ 7	58	2,4			
„ 8	56	2,3	11 227	109	
„ 9	59	2,5			
„ 10	56	2,3	—	120	Desgleichen.
„ 11	53	2,2			
„ 12	56	2,3			
„ 13	49	2,0			
„ 14	56	2,3			
„ 15	38	1,6			
„ 16	7	1,1			

Summe des filtr. W. cbm: 1 064   Das Filter wird gereinigt.

Das Filter versagte nicht immer nach gleich grossen Leistungen resp. Perioden; es machten sich in dieser Beziehung die von der Jahreszeit abhängigen specifischen Eigenthümlichkeiten des Spreewassers geltend. In den Sommermonaten wurden ca. 1000 cbm, im Spätherbst 1500 cbm Wasser und noch mehr abfiltrirt, ehe sich die Nothwendigkeit einer Filterreinigung einstellte. Die Ergiebigkeit würde sich noch um Einiges haben steigern lassen, wenn sich nicht grössere Drucke als 0,5 m für die Klarheit des Wassers als nachtheilig erwiesen hätten. Es berechnet sich aus obigen Zahlen, dass 1 qm Filterfläche im Ganzen eine Wassersäule von 14 bis 21 m Höhe abfiltrirte. Die Befürchtung, dass das ablagernde Eisenoxyd das Filter schnell zum Erliegen bringen würde, traf also nicht ein; die totale Leistung war vielmehr eine unerwartet hohe. Dagegen befriedigte allerdings nicht die specifische Leistung des Filters; sie betrug wie oben angegeben, nicht mehr als 0,028 bis 0,035 cbm entsprechend den stündlichen Geschwindigkeiten 28 bis 35 mm.

— 41 —

Es wäre jedoch verfrüht, hieraus direct den Schluss ziehen zu wollen, dass die Filtration des eisenhaltigen Wassers mit ungewöhnlichen Schwierigkeiten verbunden gewesen sei, und nun ohne Weiteres das Urtheil über das eingeschlagene Verfahren abzuschliessen. — Bei näherer Prüfung stellt sich heraus, dass die Verlangsamung der Filtration ebensowohl ihr selbst wie zu einer vorhergehenden Magazinirung gedient hat und das letztere überhaupt ein wesentlicher Faktor im Verlaufe des ganzen Läuterungsprozesses gewesen ist. Sie fällt nur weniger in die Augen, weil sie im Filter anstatt in besonderen Zwischenbassins zur Ausführung gelangte. Das Filterbassin fasste bei vollständiger Füllung etwa 140 cbm Wasser, wovon pro Tag jedoch nur 50 cbm abfiltrirt wurden. Die Magazinirung währte also gegen 70 Stunden. Rechnen wir dazu den sonstigen Aufenthalt des Wassers im Apparat und in der Sandschicht, so ergiebt sich, dass von ihm der Weg gerechnet vom Eintritt in die Trommel bis zum Austritte aus dem Filter erst in vollen drei Tagen zurückgelegt wurde.

Grössere Beschleunigungen führten immer eine Trübung des Filtrates herbei. Noch weitere Aufschlüsse über die Nothwendigkeit einer längeren Magazinirung gab ein kleines, neben dem Anderson'schen Apparate aufgestelltes Probirfilter, welches ebenfalls mit dem von der Trommel ausgeflossenen Wasser gespeist wurde, dieses aber nur wenige Stunden beherbergte. Dasselbe lieferte unter allen Umständen, und mochte es noch so langsam arbeiten, ein schlechteres Produkt als das geräumige Filterbassin. Wir folgern aus den angeführten Thatsachen, dass die im Wasser durch den Contact mit dem Eisen hervorgerufenen, inneren Wandlungen erst nach drei Tagen ihren Abschluss erreichten und der Beginn der Filtration diesen Zeitpunkt abwarten musste.

Um einen Einblick in die wirklichen Vorgänge zu gewinnen, wurde das Wasser auf seinem Wege verfolgt und wiederholt ausser an der Anfangs- und Endstation auch beim Verlassen der Trommel geprüft. Die Einzelergebnisse sind in der umstehenden Tabelle zusammengestellt und geben Folgendes zu erkennen.

Wie zu erwarten, hat in der Trommel eine nicht unerhebliche Oxydation stattgefunden. Dieselbe wurde eingeleitet und unterhalten durch den im Wasser gelösten Sauerstoff. Der verschwundene Theil desselben im Betrage von 50 bis 70 % hat fast gänzlich zur Bildung von Kohlensäure und Eisenoxyden gedient. Der Zunahme von Kohlensäure entspricht natürlich eine Abnahme der organischen

Stoffe oder der Oxydirbarkeit des Wassers, wohingegen die Gesammthärte sich nur wenig ändert. Von den Eisenoxyden herrscht durchaus das Eisenoxydul vor, was schon durch das grünliche Aussehen des Wassers verrathen wurde. Durch das Ueberwiegen des letzteren wird aber die Oxydation als eine unvollkommene, bei welcher es an Sauerstoff gebrach, charakterisirt. Wir haben nun die Folgen, die aus diesem Mangel hervorgingen, festzustellen. Als nächste, wenn auch nicht unmittelbarste heben wir wegen ihres Zusammenhanges mit den bei der Filtration beobachteten Erscheinungen die hervor, dass ein Theil des Eisenoxyduls als Bicarbonat in Lösung überging. Dasselbe schlägt sich zwar bei Zutritt der atmosphärischen Luft langsam wieder nieder, bringt aber, da der Zeitpunkt, wann die Ausscheidung beendigt ist, nicht mit Sicherheit erkannt werden kann, die Gefahr mit sich, dass das Wasser, wenn es zu früh filtrirt wird, nochmals nachtrübt. Behufs Beschleunigung der Ausscheidung des in der Trommel aufgelösten Eisens war die oben beschriebene Einrichtung der Zuleitungsrinne getroffen worden; das Wasser sollte, indem es in lauter Strahlen auf das Filter herabfiel, sich schnell mit Sauerstoff sättigen. Die Fallhöhe war freilich eine sehr winzige (0,4 m). Dass die beabsichtigte Aëration in so kurzer Zeit nicht erreicht wurde, geht aus der Tabelle pag. 43 zur Genüge hervor. Wir bemerken während der Periode des schnelleren Filtrirens (Monat Juli) fast gar keine Zunahme des Sauerstoffgehaltes; erst später, als das Wasser mehrere Tage im Filtrirbassin magazinirt wurde, fand eine theilweise Ausgleichung des in der Trommel erlittenen Sauerstoffverlustes statt. Der raschen Ausscheidung des gelösten Eisens wirkte ausserdem die Zunahme der Kohlensäure entgegen, von deren Einfluss weiter unten die Rede sein wird. Wir haben hier also den Grund vor uns, warum die Filtration des aus dem Apparate ausgeflossenen Wassers so lange hinausgeschoben werden musste. Die Auflösung von Eisenoxydul zu beschränken, dürfte sich vielleicht die Beimengung kleiner Stückchen von Kalkstein zu dem Eisen der Trommel empfehlen; doch zermahlen sich dieselben in kurzer Zeit und sind auch, wie weiter unten gezeigt werden wird, bei anderer Führung des Prozesses entbehrlich.

Die Entstehung nicht gefesteter chemischer Verbindungen, so sehr sie auch den Filterbetrieb belästigte, hatte immerhin nur die Bedeutung einer unangenehmen Nebenwirkung. Das Schlimmste

Art der Probe	Tag der Entnahme	Gesammthärte % dtsch.	Eisengehalt mg im l			Gasgehalt ccm im l				Sauerstoffgehalt in mg im l	Kohlensäuregehalt in mg im l	Bemerkung
			total	Oxyd	Oxydul	total	Kohlensäure	Sauerstoff	Rest			
Unfiltrirtes Spreewasser vor der Trommel	8/7	5,8	—	—	—	22,33	1,59	6,03	14,71	8,62	3,13	6 Min. Contakt.
do. hinter der Trommel	9/7	—	7,3	1,4	5,9	20,60	3,37	2,66	14,57	3,80	6,63	
Filtrirt	10/7	6,4	0,187	—	—	21,16	5,07	2,31	13,78	3,30	9,98	
Unfiltrirtes Spreewasser vor der Trommel	14/7	6,1	0,392	—	—	23,18	3,76	5,01	14,41	7,16	7,40	6 Min. Contakt.
do. hinter der Trommel	14/7	6,2	9,52	2,5	7,02	20,12	4,11	2,24	13,77	3,20	8,09	
Filtrirt	14/7	6,6	1,49	0,56	0,93	23,54	4,74	2,51	16,29	3,59	9,33	
Unfiltrirtes Spreewasser vor der Trommel	28/9	5,4	0,33	—	—	22,99	2,11	5,77	15,11	8,25	4,15	20 Min. Contakt.
do. hinter der Trommel	28/9	5,5	14,5	—	14,5	21,11	4,05	1,57	15,49	2,25	7,97	
Filtrirt	29/9	5,9	1,045	0,579	0,466	20,71	—	2,76	—	3,95	—	
Unfiltrirtes Spreewasser vor der Trommel	30/10	5,7	0,364	—	—	27,54	2,35	6,77	18,42	9,68	4,62	20 Min. Contakt.
do. hinter der Trommel	30/10	5,8	10,1	2,26	7,84	26,04	4,37	3,44	18,23	4,92	8,60	
Filtrirt	31/10	6,1	0,93	—	—	27,53	4,56	5,02	17,95	7,19	8,97	

aber war, dass das Eisen unter den obwaltenden Umständen seinen Zweck, die organischen Stoffe zu beseitigen, überhaupt fast verfehlte. Nach kaum begonnener Wirkung wurde die Extraktion des Sauerstoffes aus dem Wasser immer schwieriger und ein Rest von mehreren *cc* (siehe Tabelle Seite 44) kam selbst bei 20 Minuten langem Contakt zu keiner Verwendung. Von dem verschwundenen Theil wiederum blieb so viel indifferent, als das auf der niederen Oxydationsstufe stehen gebliebene Eisen gebunden hatte. An allen Enden fehlte es eben an Sauerstoff. Vergleichen wir nun das mit Eisen behandelte Wasser hinsichtlich der organischen Verunreinigungen mit dem Leitungswasser, so finden sich in der That keine sehr erheblichen Unterschiede zu Gunsten des ersteren vor.

Oxydirbarkeit
(verbrauchte Theile Kaliumpermanganat pro *l*)

	am 28/9	am 22/10	am 31/10	am 6/11	am 12/11
des unfiltrirten Spreewassers	29,4	30,4	28,5	30,25	29,6
des mit Eisen behandelten und filtrirten Wassers	19,8	22,0	20,7	18,2	17,9
des Leitungswassers	—	22,1	22,2	24,9	18,1

So geringfügige Effekte, verbunden mit Uebelständen mancherlei Art, genügen nicht, um die Einführung eines komplicirten Verfahrens zu rechtfertigen. Dazu bedarf letzteres noch grosser Vervollkommnungen, und es fragt sich jetzt, ob und welche Aussichten in dieser Beziehung vorhanden sind.

Wir sahen, dass sich in der Trommel hauptsächlich Eisenoxydul und verhältnissmässig wenig Eisenoxyd gebildet hatte. Gerade das umgekehrte Verhältniss wäre nothwendig gewesen. Denn während das Oxydul chemisch ein unnützer, ja sogar schädlicher Ballast ist, besitzt das Oxyd mehrere höchst werthvolle Eigenschaften. Es vermag im status nascens viele organische Stoffe kräftig zu oxydiren, wobei es sich selbst zu Oxydul reducirt. Ist jedoch reichlich Sauerstoff zugegen, so findet fast augenblicklich wieder die Rückverwandlung in Oxyd statt und die Wirkung auf organische Stoffe wiederholt sich von Neuem. So bildet das Oxyd gleichsam eine

Brücke, vermittelst welcher der sonst so indifferente Atmosphär-Sauerstoff zu energischer Aktion gelangt. Und was seinem Oxydationsvermögen widersteht, das bewältigt es auf andre Weise. Es gehört im hydratischen Zustande zu der Klasse der Colloidsubstanzen und hat mit diesen die Fähigkeit gemein, die Moleküle vieler organischer Stoffe, speciell der Farbstoffe einzuhüllen und mechanisch bis zu einem gewissen Grade zu binden. Endlich geht es im Gegensatz zum Eisenoxydul mit der Kohlensäure keine Verbindung ein und ist im Wasser so gut wie gänzlich unlöslich.

Hieraus leuchtet klar hervor, dass die Ausbeutung der chemischen Kräfte des Eisens für die Reinigung des Wassers nur unter folgenden Bedingungen geschehen kann: Erstens muss durch grossen Ueberschuss von Sauerstoff für möglichst ausschliessliche und reichliche Bildung von Eisenoxyd gesorgt werden; weil dieses aber durch die mechanische Bindung der Moleküle nicht oxydirbarer, organischer Substanzen in kurzer Zeit seine Aktivität einbüsst und zur ferneren Uebertragung von Sauerstoff untauglich wird, so muss auch zweitens auf kontinuirlichen und hinreichenden Ersatz Bedacht genommen werden. Das aktiv gewesene Eisenoxyd muss von den Eisenkörperchen fortgespült und durch Freilegung der frischen, metallischen Flächen die Gelegenheit zur Neubildung geboten werden.

Da mir nicht das Recht zustand, an dem Andersonschen Apparate willkürlich etwas zu ändern, so wurde die Richtigkeit der eben aufgestellten Principien an anderer Stelle geprüft. Zu einem Versuche im Kleinen genügte eine sehr einfache Einrichtung. Eisenspähne recht groben Kalibers, die recht hohl lagen und der Cirkulation von Luft und Wasser keinen nennenswerthen Widerstand entgegensetzten, wurde nach vorangegangener Entfettung in eine aufrecht stehende Röhre eingefüllt, bis sie eine Lage von 0,7 m Höhe bildeten. Während das zu behandelnde Wasser durch die Eisenschicht hindurchsank, begegnete es einem von unten aufsteigenden, kräftigen Luftstrome, der es in ähnliche Bewegung wie heftiges Kochen versetzte. Durch diesen sollte sowohl eine energische Oxydation des Eisens wie die beständige Abspülung der Spähne veranlasst werden. Das Wasser blieb 5 bis 15 Minuten lang mit dem Eisen in Berührung und hatte beim Ausfliessen aus der Röhre stets ein röthliches Aussehen. Nach ein- bis zweistündigem Sedimentiren wurde es über ein gewöhnliches Sandfilter filtrirt.

Die jetzt erzielten Resultate waren überraschend. Schon

äusserlich zeichnete sich das gewonnene Wasser durch vollkommene Klarheit, gänzliche Farblosigkeit und lebhaften Glanz sehr vortheilhaft aus; die gelösten Verunreinigungen aber waren, wie man sich aus den nachstehenden Angaben überzeugen kann, bis auf geringfügige Reste verschwunden.

Oxydirbarkeit

(verbrauchte Theile Kaliumpermanganat pro l)

	Contaktdauer Minuten	am 5/12	am 5/1 87
des unfiltrirten Spreewassers	—	27,2	21,4
des Leitungswassers	—	20,0	17,1
des mit Eisen und Luft gereinigten Wassers	5	12,65	8,8
	10	—	7,1
	15	7,1	6,1

Zur Verstärkung der Wirkung und Beschleunigung derselben trug sehr die innige Vermischung der Luft mit dem Wasser bei. Wenn sich ein Theil derselben in recht kleine Bläschen zertheilte, so konnte der Contakt mit dem Eisen auf 2 bis 3 Minuten abgekürzt werden. Die Bildung des Eisenrostes ging viel leichter und reichlicher von Statten als in dem Andersonschen Apparate und mehr als 90% davon bestand aus Eisenoxyd. Sehr merkwürdig ist, dass das Eisenoxydul unter den veränderten Umständen nicht mehr zur Auflösung gebracht wurde. Das Wasser filtrirte sich deshalb ohne Schwierigkeiten, ja sogar leichter, als wenn die Behandlung mit Eisen ganz wegbliebe. Ohne Beeinträchtigung der Klarheit konnten die Filtrirgeschwindigkeiten bis auf 500 mm gesteigert werden.

Bei dem in sehr kleinem Maaßstabe unternommenen Versuche waren, um die beabsichtigten Effekte mit Sicherheit zu erzielen, die zur Unterhaltung des Läuterungsprozesses dienenden Ingredienzien, Luft und Eisen, in verhältnissmässig grossen Quantitäten verwendet worden, nämlich an Luft das drei- bis vierfache des Wasservolumens und an Eisen etwa $1/6$ des pro Stunde durchgeleiteten Wassergewichtes. Für ein Verfahren im Grossen müssen natürlich in dieser Beziehung die Grenzen viel enger gezogen werden; gegen die Durchführbarkeit der ökonomischen Rücksichten ist glücklicherweise kaum ein Zweifel zu erheben.

Der Luftstrom war hauptsächlich aus dem Grunde so sehr verstärkt worden, um das Wasser in heftige Bewegung zu versetzen und dadurch die Abspülung der Eisenspähne herbeizuführen. Nimmt man ihm diese Funktion, die überhaupt wenig für ihn passt und sich besser mit einem anderen mechanischen Vorgange verknüpfen lässt, wieder ab, so kann er bedeutend geschwächt werden; ja man hat eigentlich nur nöthig, den ungehinderten Zutritt der atmosphärischen Luft zum Eisen zu ermöglichen.

Auch bezüglich des Eisens sind wir im Stande, das unbedingt anzuwendende Minimum annähernd zu ermitteln. Sehen wir augenblicklich von seinen Oxydationswirkungen, für welche noch der richtige Maaßstab fehlt, ab und ziehen wir nur die mechanische Bindung der Moleküle organischer Farbstoffe in Betracht, so muss sich binnen der vorgesehenen Contaktdauer (von höchstens 5 Minuten) eine Quantität Eisenoxydes bilden können, die aequivalent derjenigen Gewichtsmenge von Thonerdehydrat ist, welche erfahrungsmässig zur Extraktion der Farbstoffe erforderlich ist. Es bedarf kaum der Erwägung, dass Zahlenangaben von allgemeinerer Gültigkeit hier nicht gemacht werden können, sondern dass die Ermittelungen sich von Fall zu Fall anders stellen werden. Um ein Beispiel durchzuführen, bleibe ich bei dem zu allen Versuchen benutzten Spreewasser stehen. Für dieses gaben wir pag. 27 das zur Entfärbung genügende Zusatzverhältniss des Aluminiumsulfates auf $\frac{1}{30\,000}$ oder auf 33,3 mg pro Liter an. Dem in 33,3 mg Aluminiumsulfat enthaltenen Aluminium sind 6 bis 7 mg Eisen äquivalent. Wir erreichen demnach einen und denselben Effekt gegenüber dem Farbstoff, ob wir dem Spreewasser pro Liter 33,3 mg Aluminiumsulfat oder 6 bis 7 mg Eisen in der Gestalt von Eisenoxyd beimischen. In der Verfassung, wie es aus dem Probeapparat ausfloss, enthielt es gewöhnlich 36 bis 40 mg suspendirtes Eisen, also einen sehr grossen Ueberschuss. Dabei betrug das Gesammtgewicht der Eisenspähne, wie oben angegeben, $\frac{1}{6}$ von demjenigen des stündlich hindurchgeleiteten Wassers. Es folgt daraus, dass bei kräftiger Unterstützung des Oxydationsprozesses (durch feine Zertheilung der Luft) nicht mehr Eisen als etwa der 30. Theil vom Gesammtgewicht des stündlich mit ihm in Berührung zu bringenden Wassers gebraucht wird, woraus sich für einen Apparat, durch welchen pro Stunde 5 cbm Wasser geleitet werden, eine Beschickung von $^{5000}/_{36}$ = rot. 140 kg Eisenspähnen berechnet. Das trifft so ziemlich mit den von Anderson gewählten Gewichtsverhältnissen überein, weshalb wir dieselben unverändert beibehalten. Dagegen sind für das Arrangement wesentliche Modifikationen nöthig, welche ich zum Schluss flüchtig skizziren will.

Man leite das Wasser nicht mehr durch eine geschlossene, sondern durch eine offene und wie bisher horizontal gelagerte Trommel. Werden an den beiden Enden gleich hohe, konzentrische Ränder aufgesetzt, die rund um die Axe einen Kreis freilassen, so bildet sich im Inneren der Trommel ein bis zur Höhe des Randes reichendes Wasserbad, während in dem darüber befindlichen Theile des Raumes die Luft cirkuliren kann. Es ist dadurch ein unerschöpfliches Luftreservoir geschaffen, das nach Belieben für die Oxydation des Eisens in Anspruch genommen werden darf. Zu diesem Zwecke ist der innere Umfang der Trommel mit leistenförmigen Schaufeln zu besetzen, die nach Art von Elevatorbechern das am Grunde der Trommel lagernde Eisen immer von Neuem aus dem Wasserbade emporheben, mit der Luft in ausgedehnte Berührung bringen und wieder auf die ursprüngliche Stelle zurückfallen lassen. Das an den Eisenkörperchen sich ansetzende, im frischen Zustande sehr lose haftende Eisenoxydhydrat soll von ihnen beim Niederfallen und Aufschlagen auf das Wasser abgespült und dann durch den Wasserstrom hinweggeführt werden.

Eine anderweitige Unterstützung des Oxydationsprozesses lässt sich noch dadurch erreichen, dass man künstlich dem Wasser unmittelbar vor dem Einfluss in die Trommel — etwa mit Hülfe eines Strahl-Apparates — Luft in feinster Zertheilung beimischt.

Das Eisen ist bisher von den Hydrologen ausschliesslich in der Absicht benutzt worden, dem Wasser gelöste organische Verunreinigungen zu entziehen. Wir haben gesehen, dass es dieses in hohem Grade vermag und indirect auch der Filtration bei Unterdrückung der Bakterien zu Hülfe kommt. Seine Anwendbarkeit erstreckt sich jedoch noch auf eine ganze Reihe anderer Fälle, von denen ich besonders zwei hervorheben will.

Das Grundwasser im Gebiete des norddeutschen Flachlandes, obgleich im Allgemeinen von guter Beschaffenheit, hat bekanntlich die Eigenschaft, sich bald nach seiner Förderung in Folge von Eisenausscheidungen zu trüben und ist desshalb für die Versorgung grösserer Complexe von einer Centralstelle aus durch Leitung nicht geeignet. Es gelangt in unschönem Zustande an die Verbrauchsstellen und bildet in den Röhren Inkrustationen, die deren Querschnitt mehr und mehr verengen. Durch Filtration lässt sich dem Uebelstande nur abhelfen, wenn man vorher die Beendigung der Eisenausscheidung abwartet. Letztere geht immer sehr langsam vor sich und nimmt oft mehrere Tage in Anspruch. Das Wasser aber so lange zu magaziniren, ist mindestens sehr lästig und kostspielig. Für alle Interessenten ist daher eine schnelle Ueberführung des Eisens aus gelöster in suspendirte und abfiltrirbare Substanz von Wichtigkeit.

Der Gang der Eisenausscheidung regulirt sich hauptsächlich nach dem Entweichen der freien, im Wasser gelösten Kohlensäure. Als Beleg führe ich eine an dem Brunnenwasser der Station I ausgeführte Untersuchung an, die dessen Veränderlichkeit im Speciellen verfolgt.

Wasser aus dem Tiefbrunnen der Station I
Gesammthärte . . . 12,5 deutsche Grade
bleibende Härte . . 5,13 „ „
temporäre Härte . . 7,37 „ „

In einer Million Theile waren enthalten

Zeit, wann die Prüfung stattfand	freie und halb gebund. Kohlens. zus.	freie Kohlensäure	Eisen	Bemerkung
	mg	mg	mg	
unmitelbar nach der Förderung	131,5	78,5	2,52	Probe nach dem Filtriren wieder trübe,
6 Stunden „ „ „	118,1	61,1	0,70	
21 „ „ „ „	106,0	48,0	0,56	
24 „ „ „ „	100,0	42,0	0,46	
30 „ „ „ „	97,0	39,0	0,35	filtr. Probe blieb fast klar.

Nach 30 Stunden enthielt das Brunnenwasser nicht viel mehr freie Kohlensäure (und Eisen) als ein gewöhnliches Flusswasser, und diese Quantität hielt es dauernd fest. Die Ausscheidung des Eisens war also erst zu Ende, nachdem das Lösungsmittel, die überschüssige

Kohlensäure, zum grössten Theil entwichen war. Es erklärt sich hieraus, warum die vielfach versuchte Aëration keinen grossen Erfolg gehabt hat. Das kohlensaure Eisenoxydul ist den schwachen Oxydationswirkungen der atmosphärischen Luft eben nicht direct sondern nur in dem Maaße zugänglich, wie es aus der Lösung als eine im Zerfallen begriffene chemische Verbindung ausscheidet, seine spätere Umwandlung in Oxyd ist im Grunde genommen ein für die Filtration ganz gleichgültiger Vorgang. Wir haben bereits pag. 46 darauf hingewiesen, in welchem Grade das Oxydationsvermögen des an sich ziemlich indifferenten Atmosphär-Sauerstoffs wächst, wenn man ihn durch Uebertragung vermittelst frisch gebildeten Eisenoxydhydrates auf das Wasser wirken lässt. Es lag nun die Vermuthung nahe dass er in diesem Falle ebensowohl wie organische Substanzen auch direct das gelöste Eisenoxydul kräftig und schnell oxydiren werde. Das hat sich in der That in überraschender Weise bestätigt. Wurde durch den pag. 45 beschriebenen Apparat frisch gefördertes Brunnenwasser geleitet und der Contact áuf $1\frac{1}{2}$ bis 2 Minuten ausgedehnt, so waren die Eisensalze zerstört und das Wasser ohne Weiteres filtrirbar. Eine Nachtrübung kam nicht wieder zum Vorschein.

Zum Schlusse verdient noch hervorgehoben zu werden, dass auch bei lehmhaltigen Wässern eine der Filtration vorangehende Behandlung im Eisenapparate die besten Dienste leistete. Die sich dem Wasser beimischenden Eisenrostpartikelchen hüllten die schwebenden Körperchen vorzüglich ein und zogen sie schnell zu Boden, sodass nach kurzer Ablagerungsdauer die Filtration von Statten gehen konnte. Die sonst damit verknüpften und pag. 6 ff. geschilderten Schwierigkeiten blieben vollständig aus, wenn eine den Umständen angemessene Menge coagulirender Substanz, d. h. von Eisenoxyd, erzeugt worden war. Die auf der Oberfläche des Sandes sich absetzenden Reste des Eisenoxyds thaten der Ergiebigkeit des Filters keinen erheblichen Abbruch.

Berlin, den 15. April 1887.

MIX
Papier aus verantwortungsvollen Quellen
Paper from responsible sources
FSC® C105338

If you have any concerns about our products,
you can contact us on
ProductSafety@springernature.com

In case Publisher is established outside the EU,
the EU authorized representative is:
**Springer Nature Customer Service Center GmbH
Europaplatz 3, 69115 Heidelberg, Germany**

Printed by Libri Plureos GmbH
in Hamburg, Germany